Gisela Egen

Sonnenuhren

für Haus und Garten

Frech-Verlag Stuttgart

Umschlag Vorderseite:
Sonnenuhr im Dorf Mijas bei Marbella/Spanien. Eine westlich abweichende Vertikal-Sonnenuhr. Ein Mühlstein wurde hier zu einem Sonnenuhrzifferblatt verwendet.

Umschlag Rückseite:
Sonnenuhr auf dem Killesberg bei Stuttgart.

Bildnachweis:
Umschlagbilder und Seite 41: Robert Holder, Seite 3: Binder ANTHONY, Seite 5, 6, 7, 8 und 45: Wuppertaler Uhrenmuseum, Seite 9: Storz-ANTHONY, Seite 10: Deutsches Museum, München, Seite 14: E. Krauss, Seite 35: Werner H. Müller, Seite 43: Werner Lehmann.

Lieferant der Sonnenuhren auf Seite 43:
M. Sägesser, Freilagerstr. 33, CH-8047 Zürich 9.

ISBN 3-7724-0507-X · Best.-Nr. 514

frech-verlag
GmbH + Co. Druck KG Stuttgart

Druck: Frech, Stuttgart

Sonnenuhr in Erkenbrechtshausen.

Vorbemerkung

Wer als Bastler oder Heimwerker sich vornimmt, eine Sonnenuhr zu bauen, setzt eine alte Tradition der Meßkunst fort. Deshalb finden sich im ersten Abschnitt dieses Bändchens die wichtigsten Informationen aus der Geschichte der Zeitmessung, soweit sie für „Sonnenuhrmacher“ interessant sind. Man muß dies nicht unbedingt lesen, um Erfolg beim Bau einer Sonnenuhr zu haben und Freude an ihr zu empfinden, wenn sie ihre Aufgabe erfüllt. Doch sollte, auf jeden Fall, dann mit dem zweiten Abschnitt begonnen werden.

Zunächst werden Papier und Bleistift gebraucht, sowie Zirkel, Lineal und Winkelmesser. Später sind Kompaß und Wasserwaage von Nutzen. Die anderen Materialien und Werkzeuge richten sich ganz nach der Art und Weise der geplanten Ausführung der Sonnenuhr. Der Schüler kann bereits mit Pappe und Schere eine kleine, tragbare Sonnenuhr bauen, während der Fortgeschrittene vielleicht an einem aufwendiger gedachten Werkstück sein Können zeigt. Aber ein Stab und ein wenig Farbe genügen bereits, um eine einfache, doch darum nicht minder genau gehende, Sonnenuhr entstehen zu lassen. Und das ist eben einzigartig an unserem Vorhaben: Eine Sonnenuhr läßt sich praktisch in jedem Werkverfahren, aus nahezu jedem beliebigen Material, anfertigen, so daß sich für jedes Können und jeden Geschmack eine zufriedenstellende Lösung findet.

Inhaltsverzeichnis

1 Kleine Geschichte der Sonnenuhr

Zum Einteilen und Messen der Zeit eignet sich jede regelmäßige Aufeinanderfolge von Ereignissen. Die Natur bietet in der scheinbaren Bewegung der Sonne, des monatlichen Laufs des Mondes um die Erde mit seinen wöchentlichen Phasen und der scheinbaren Drehung des Fixsternhimmels um unseren Standpunkt auf der Erde Maßstäbe, die schon im Altertum von Wissenschaftlern benutzt worden sind.

Die astronomischen Beobachtungen der Chinesen lassen sich sehr weit zurückverfolgen; man weiß heute, daß chinesische Astronomen eine Sonnenfinsternis im Jahre 2158 v. Chr. beobachtet haben. Aber auch die anderen großen Kulturvölker, die Babylonier, Ägypter und Inder, begannen im dritten Jahrtausend v. Chr. mit der systematischen Beobachtung der Himmelserscheinungen. Die Sonne wurde der Maßstab für die Zeit. Ihr Lauf führte zur Teilung des Tages in 24 Stunden, die von Sonnenaufgang an gezählt wurden. Die Tagesmitte fand sich, indem man auf den Augenblick achtete, in welchem ein auf ebener Fläche aufgestellter Stab oder auch eine Säule den kürzesten Schatten warf. Hieraus entwickelte sich die Sonnenuhr, deren „Zeiger“ seit dem Altertum mit dem griechischen Wort Gnomon bezeichnet wird.

Die Chinesen waren dem antiken Abendland in der Kenntnis der Astronomie weit voraus, deshalb wird oft angenommen, daß sie die ersten gewesen sind, die mit Hilfe des Gnomons die Zeit gemessen haben. Jedenfalls soll der Chinese Tscheou-Kong um 1100 v. Chr. als erster den um einen senkrechten Stab (Gnomon) wandernden und sich dabei verändernden Schatten der Sonne beobachtet und so die Mittagslinie gefunden haben. Außerdem schreibt man auch den Chinesen die Durchlöcherung der Spitze des Gnomons zu. Der auf diese Weise zustande kommende Sonnenfleck innerhalb des Stabschattens läßt eine genauere Bestimmung der Zeit zu, da der Sonnenfleck scharf umgrenzt ist und das Problem des Rand- und Kernschattens fortfällt. Von diesem Loch im Gnomon berichtet das Buch Tscheou-Pey (500 v. Chr.).

Chinesische Hohlflächen-Sonnenuhr. Diese Sonnenuhr, die zu den Skaphen zählt, besteht aus Bronze. Die Stundenmarkierungen und die Inschriften sind mit Silber ausgelegt. Auf dem Rand befinden sich die Angaben für die entsprechenden Monate, in der Skaphe selbst die Stundenangaben. Unter der Hohlkugel kann durch eine Wasserwaage die waagerechte Einstellung des Instruments beim Messen der Zeit kontrolliert werden.

Aber auch die Babylonier hatten schon früh genug gute Kenntnisse in der Mathematik und den Naturwissenschaften, die ja Voraussetzung für astronomische Beobachtungen sind. So ist aus Keilschrifttafeln bekannt, daß die Sumerer die Grundlagen der Mathematik kannten (ca. 3000 v. Chr.), jedenfalls zeigen das die aus dieser Zeit stammenden Tabellentexte, die in der zweiten Hälfte des ersten Jahrtausend v. Chr. eigens für astronomische Vorhaben erweitert wurden. In Babylonien kannte man unter anderem die Himmelskreise und das Sexagesimalsystem. Die Einteilung der Winkel und der Zeit in 60 Einheiten geht bis in diese Zeit zurück. Berosus, ein in Baal lebender babylonischer Priester (4.–3. Jahrh. v. Chr.), soll, nach antiken Quellen, in Kos eine Astronomenschule gegründet haben und gilt als Erfinder einer bestimmten Art von Sonnenuhren, der Skaphe. Dies sind in einer hohlen Halbkugel konstruierte Sonnenuhren.

Die Ägypter benutzen schon sehr früh die Sonnenuhr als Zeitmesser. Auf alten Papyri kann man heute noch in Berliner und ägyptischen Sammlungen Tabellen für die Messung des Stundenschattens für bestimmte Zeiten (Winterzeit, Erntezeit, Überschwemmungszeit) nachlesen. Die Sonnenuhr kommt in der altägyptischen Schrift als Hieroglyphe vor und ist das Zeichen für die Stunden.

In Berlin und Paris befinden sich die ältesten, noch existierenden Sonnenuhren. Sie stammen aus der Zeit Thutmosis III. (1490–1436 v. Chr.). Auch die Obelisken, die als Kultsinnbilder des Sonnengottes meist paarweise vor den Tempeln standen, und hohe Säulen auf Marktplätzen, wurden als Gnomone verwandt. Viele antike Schriftsteller berichten darüber. Die Zeitmessung mit Hilfe dieser Gnomone war jedoch nicht sehr genau. Bei Gezer (Palästina) wurde eine ägyptische Vertikal-Sonnenuhr aus der Zeit Königs Menephta (1323–1302 v. Chr.) gefunden, die eine genauere Zeitmessung erlaubte, da hier nicht nur die Länge des Schattens, sondern auch die Richtung zur Zeitbestimmung herangezogen wurde. Diese Vertikal-Sonnenuhren gab es groß an den Wänden, und in kleiner, tragbarer Ausführung.

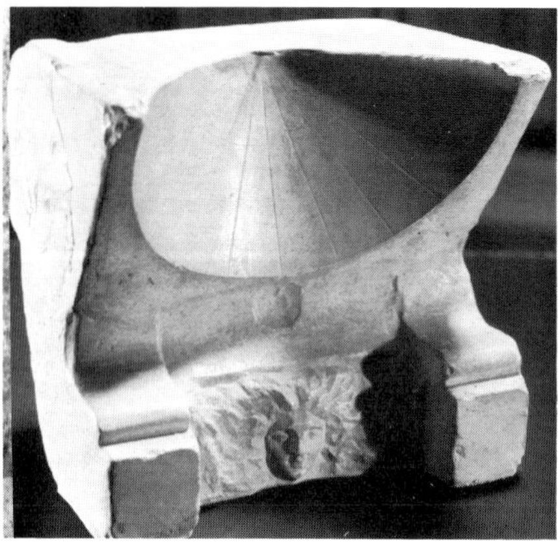

Griechische Hohlflächen-Sonnenuhr (Skaphe) aus Marmor. Das Original, nach dem diese Kopie angefertigt wurde, entstand um 300 v. Chr.

Herodot (etwa 490–425 v. Chr.) schreibt, daß die Griechen den Gnomon und astronomische Kenntnisse von den Babyloniern übernommen hätten. Anaximander, auch Anaximandros genannt (610–547 v. Chr.), in Milet geboren, ein Schüler des Thales, soll als erster Grieche den Gnomon übernommen und damit die Sonnenwendpunkte bestimmt haben. Außerdem werden ihm auch noch die erste griechische Erdkarte und ein Himmelsglobus zugeschrieben. Er soll auch in Sparta den ersten Gnomon Griechenlands aufgestellt haben. Es heißt, Anaximander habe die Polhöhe des Ortes bestimmen können, was für das Einstellen einer Sonnenuhr von großer Bedeutung ist. Vitruv, eigentlich Vitruvius Pollio, ein römischer Ingenieur und Baumeister, beschrieb in seinem zehnbändigen Werk „De architectura“ (25 v. Chr.) über zehn verschiedene Sonnenuhren. Als Erfinder einiger Sonnenuhren gibt er Aristarchos von Samos (320–250 v. Chr.) und andere Griechen an. Von Aristarchos ist bekannt, daß er als erster erkannt hatte, daß sich die Erde um sich selbst und in schiefer Ebene um die Sonne dreht. Dieses heliozentrische Weltsystem wurde aber in der Antike abgelehnt. Bis zu Kopernikus (1473–1543 n. Chr.) galt auch im christlichen Abendland das ptolemäische Weltbild, das die Erde als Mittelpunkt der Welt hatte. Der Astronom und Mathematiker Claudius Ptolemäus (etwa 85–165 n. Chr.) lehrte in Alexandria. In seinen Schriften findet sich auch ein Buch über Sonnenuhren. Er schreibt, daß seine Konstruktion der Sonnenuhren besser sei als die schon bekannten älteren Methoden, leider nennt er aber nicht die Namen der alten Konstrukteure, auf die er sich bezieht.

Nach Rom soll die Sonnenuhr durch Papirius Cursor (326–304 v. Chr.), einen römischen Feldherrn der samnitischen Kriege, gekommen sein. Etwas später hat Valerius Messala nach der Einnahme von Catania auf Sizilien von dort eine Sonnenuhr mitgebracht, die auf dem Forum Romanum aufgestellt wurde. Fast hundert Jahre wurde mit dieser Sonnenuhr, die auf den Breitengrad Catanias eingestellt war und deshalb falsch anzeigte, in Rom die Zeit gemessen. Erst 164 v. Chr. baute Q. Marcius Philippus eine auf den Breiten-

Reisesonnenuhr, hergestellt zwischen 1703 und 1720 von Johann Willibald in Augsburg. Es ist eine äquatoriale Sonnenuhr, auch Äquinoktial-Sonnenuhr genannt. Sie kann auf den Breitengrad des jeweiligen Beobachtungsortes eingestellt werden. Deshalb wurde in die Bodenplatte die geographische Breite von 41 Städten eingraviert. Auf dem eingebauten Kompaß zeigt die Magnetnadel nach Osten, was natürlich nur ein Versehen des Fotografen ist.

grad Roms ausgerichtete Sonnenuhr und setzte sie neben die alte aus Catania. Eigene Konstruktionen der Sonnenuhren sind von den Römern nicht bekannt. Alle von Vitruv beschriebenen Sonnenuhren sind griechischer Herkunft.

Im germanischen Raum zeigen Kultstätten wie Stonehenge bei Salisbury, daß auch hier schon früh astronomische Kenntnisse vorhanden waren und angewandt wurden. Man nimmt an, daß diese große Anlage von Steinquadern eine Art Sonnenuhr darstellte, mit deren Hilfe man den Zeitpunkt der Sonnenwende bestimmte. Wissenschaftler datieren den Bau dieser Anlage in die erste Hälfte des zweiten Jahrtausend v. Chr. zurück (etwa 1840–1680 v. Chr.).

Von den Inkas ist bekannt, daß sie in der Astronomie große Kenntnisse besaßen. Auf ihren ehemaligen Kultplätzen findet man Steinkreise, ähnlich denen von Stonehenge, mit Steinpfeilern in der Mitte, die vermuten lassen, daß auch hier mit Hilfe dieser Anlagen der Sonnenwendpunkt bestimmt wurde. In Mexiko-City ist der „Stein der Sonne“ zu sehen, ein Kalenderstein der Azteken, mit acht Löchern, die vielleicht bei waagerechter Lage des Steins schattenwerfenden Stäben als Halt gedient haben. Der „Stein der Sonne“ läßt erkennen, wie gut sie Tage, Monate und Jahre bestimmen konnten. Dieser Kalenderstein entstand 100 Jahre früher als unser heutiger Kalender. Dieser wurde von Papst Gregor XIII., als für alle katholischen Christen verbindlich, 1582 n. Chr. eingeführt und löste den 46 v. Chr. von Caesar eingeführten Julianischen Kalender ab. Die Aufteilung des Jahres in Tage und Monate auf dem „Stein der Sonne“ war wesentlich besser als der Kalender Caesars.

Es ist anzunehmen, daß die Römer die Sonnenuhr in den von ihnen besetzten Gebieten einführten. – In England sind die

ältesten Sonnenuhren aus der nachrömischen Zeit zu sehen, so auf dem Gedenkstein für König Alchtritt auf dem Friedhof von Bewcastle. In den alten christlichen Kirchen und Klöstern stößt man heute noch auf Sonnenuhren, mit deren Hilfe man im Mittelalter, vor Erfindung der Räderuhr, die Zeit für die Stundengebete und den Gottesdienst feststellte. In den Schriften des Mönchs Beda (637–735 n. Chr.) findet sich die Zeichnung einer Sonnenuhr. Im Mittelalter gab es die Sonnenuhrmacher, die sich gut darauf verstanden, nicht nur große Sonnenuhren zu bauen, sondern auch kleine zum zusammenklappen, die auf Reisen mitgeführt wurden. Um die Sonnenuhr immer richtig einstellen zu können, mußte man den Kompaß zu Hilfe nehmen; so nannten sich die Sonnenuhrmacher bald auch Kompaßmacher. Im Tiroler Landesmuseum in Innsbruck wird eine Kleinsonnenuhr mit Kompaß von Peuerbach (1452 n. Chr.) aufbewahrt. Auch Albrecht Dürer befaßte sich mit der Konstruktion von Sonnenuhren.

Das Handwerk der Sonnenuhrmacher stand noch lange nach der Erfindung der Räderuhr in hoher Blüte, da man anscheinend den Sonnenuhren mehr traute als den Räderuhren. Nürnberger und Augsburger Sonnenuhren mit Kompaß waren selbst in Italien und Spanien eine begehrte Handelsware. Lange Zeit war die Sonnenuhr der beliebteste Zeitmesser, bis die Räderuhr so gut war, daß sie die Sonnenuhr als Zeitmesser verdrängte. Wie Anton Lübcke in seinem Buch „Die Uhr“ erwähnt, sollen die Engländer im 2. Weltkrieg ihre Truppen in Nordafrika mit Sonnenuhren versehen haben, da andere Uhren durch den eindringenden Sand ihre Ganggenauigkeit einbüßten. Heute sind Sonnenuhren in Parkanlagen, Gärten und an Hauswänden als Schmuck gern gesehen.

Kugelförmige Sonnentaschenuhr aus Elfenbein, durch Bajonettverschluß in zwei Hälften zerlegbar. Entstanden 1636 in England.

Sonnentaschenuhr von 1763. Der Schatten des Gnomonfadens fällt auf zwei hölzerne Zifferblätter mit eingekerbten Ziffern und Linien. Zusammengeklappt und verriegelt waren diese Uhren bequem mitzuführen. Der Kompaß zum Einrichten befindet sich hier in der Mitte des horizontalen Zifferblattes.

Barocke Horizontal-Sonnenuhr auf Messingplatte mit Kompaß aus Augsburg.

2.1 Was man über die Zeit wissen sollte

Da die Erde nahezu gleichmäßig von West nach Ost um ihre eigene Achse rotiert, scheinen dem Beobachter auf der Erde die Sonne und die Sterne um die Erde zu kreisen. Alle gehen im Osten auf und im Westen unter. Denkt man sich das Himmelsgewölbe als eine Hohlkugel, so beschreiben die Fixsterne einen Kreis auf ihr. Einen scheinbaren Umlauf des Fixsternhimmels, also die Dauer einer Erdumdrehung, nennt man einen Sterntag. Der Sterntag hat 24 gleich lange Stunden, die Stunde 60 Minuten, die Minute 60 Sekunden. Zeitangaben der Astronomen in dieser Zeitmessung nennt man Sternzeit.

Obwohl die Erdumdrehung ein gleichförmiges Zeitmaß darstellt, ist der Auf- oder Untergang der Sonne von so überragender Bedeutung für das Leben auf der Erde, daß man nicht nach Sterntagen, sondern nach Sonnentagen rechnet. Ein wahrer Sonnentag ist die Zeit zwischen zwei aufeinanderfolgenden mittägigen Höchstständen (Kulminationen) der Sonne und wird von den Sonnenuhren angegeben. Der wahre Sonnentag ist etwas länger als der Sterntag und kein genaues Zeitmaß, da die Erde um sich selbst rotiert und dabei täglich noch um 1° auf ihrer Bahn um die Sonne weiterwandert. So scheint die Sonne, gegenüber den Fixsternen, von der Erde aus beobachtet, von West nach Ost zu gehen. Hat die Sonne am Vortag mit einem Fixstern zusammen im Meridian gestanden, so wird sie am nächsten Tag später als der Fixstern den Meridian erreichen, da die Erde inzwischen 1° weitergerückt ist auf der Umlaufbahn um die Sonne. Die Dauer eines wahren Sonnentages ist im Lauf eines Jahres veränderlich, dies hat zwei Ursachen. Einmal bewegt sich die Erde in ihrer elliptischen Bahn um die Sonne mit unterschiedlicher Geschwindigkeit; zur Zeit des nördlichen Sommers, wenn der Abstand zwischen Sonne und Erde am größten ist, langsamer als im Winter. Ferner sind die verschiedenen Partien der scheinbaren Sonnenbahn ungleich geneigt gegen den Äquator. In der Nähe der Sonnenwendpunkte (Solstitialpunkte) liegt sie parallel zum Äquator, in den Punkten der Tagundnachtgleichen (Äquinoktien) schneidet sie denselben unter 23½ Grad. So wie die wahren Sonnentage sind auch deren Stunden von ungleicher Länge.

Zum täglichen Leben brauchten die Menschen aber einen Tag von genau 24 Stunden, eingeteilt in 60 Minuten, die Minute in 60 Sekunden, wie es der Sterntag ist. So kam man zum mittleren Sonnentag. Hierbei läuft auf einer gedachten Sonnenbahn am Himmelsäquator eine gedachte Sonne mit gleichbleibender Geschwindigkeit scheinbar um die Erde, während die wirkliche Sonne auf ihrer Ekliptik mit ungleichmäßiger Geschwindigkeit scheinbar um die Erde läuft. Viermal im Jahr, nämlich am 15. April, 15. Juni, 1. September und 24. Dezember fällt die wahre Sonnenzeit mit der mittleren Sonnenzeit zusammen. Der Unterschied zwischen der wahren Sonnenzeit und der mittleren Sonnenzeit wird Zeitgleichung genannt und kann positiv wie negativ sein, da abwechselnd die wahre oder die mittlere Sonnenzeit voraus ist (Abb. 1). Die wahre Sonnenzeit ist der mittleren Sonnenzeit Mitte Mai und Mitte Oktober am meisten voraus, hier müssen die Werte der Zeitgleichungstafel von der Zeitangabe der Sonnenuhr abgezogen werden, um die mittlere Sonnenzeit zu erhalten. Ende Juli und Mitte Februar läuft die mittlere Sonnenzeit der wahren Sonnenzeit voraus, in dieser Zeit sind die auf der Zeitgleichungstafel angegebenen

Werte zur Zeitangabe der Sonnenuhr zu addieren, um die mittlere Sonnenzeit zu erhalten. Auf der beigefügten Zeitgleichungstafel sind nur die ganzen Minuten angegeben. Zeigt die Sonnenuhr am 14. Mai den wahren Mittag, so ist es erst 11 Uhr 56 Minuten mittlere Sonnenzeit. Die mittlere Sonnenzeit ist eine Ortszeit, das heißt, sie bezieht sich auf den Meridian (Mittagslinie) des Beobachtungsortes, der nur für Orte der gleichen geographischen Länge dieselbe Lage im Raum hat.
Die mittlere Sonnenzeit, auch mittlere Ortszeit genannt, wurde zuerst im Kanton Genf (1780) auf Anregung des Astronomen Mallet eingeführt. 30 Jahre später schloß man sich in Berlin der Neuerung an, weitere 6 Jahre später wurde die mittlere Ortszeit von 15 Grad abziehen und erhält dann 5 Grad. Da ein Längengrad einer Zeit von 4 Minuten entspricht (1/2 Längengrad = 2 Minuten), muß man die verbliebenen 5 Grad mit 4 malnehmen, und erhält so 20 Minuten. Diese 20 Minuten müssen zu der Zeit, die die Sonnenuhr angibt, hinzugezählt werden. Außerdem ist noch die Zeitgleichung zu berücksichtigen. Da auf einfachen Sonnenuhren Minuten und Sekunden nicht abzulesen sind, genügt für die Umrechnung von mittlerer Ortszeit auf MEZ die Angabe der ganzen und halben Längengrade. Dies ist der Grund, weshalb auf der beigefügten Tabelle geographischer Ortsbestimmungen verschiedener Städte der Längengrad angegeben ist, dem die betreffende Stadt am nächsten liegt.

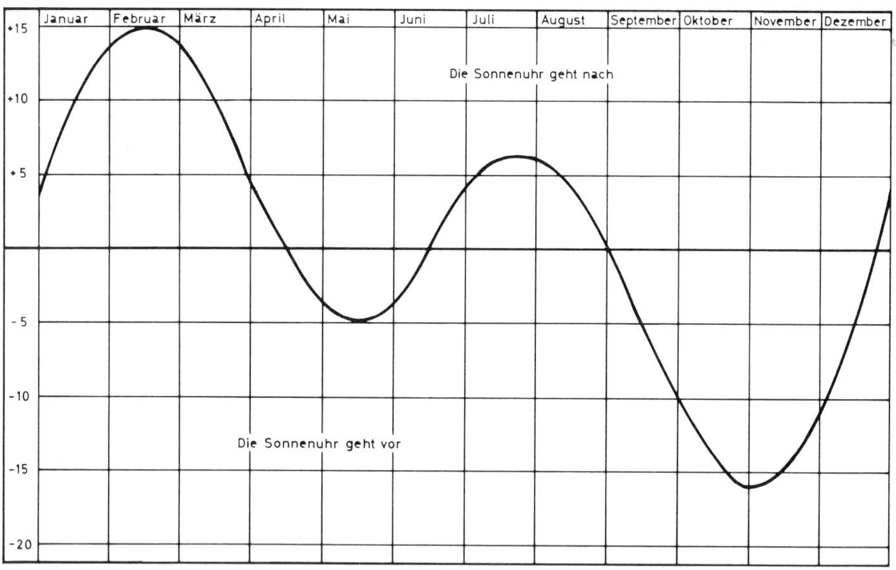

Abbildung 1: Jahresverlauf der Zeitgleichung. Die am linken Rand der Zeitgleichungskurve stehenden Zahlen bedeuten die Minuten, welche der Zeitangabe der Sonnenuhr hinzuzuzählen sind (Plus-Werte), bzw. von der Zeitangabe abzuziehen sind (Minus-Werte), um die mittlere Ortszeit zu erhalten.
Nach Einführung der Sommerzeit gehen die Sonnenuhren scheinbar eine Stunde nach, da sie ja nur die wahre Sonnenzeit angeben.

Zeit (OEZ) für Rumänien, Griechenland, die Türkei und die westliche Sowjetunion sich nach der mittleren Ortszeit des 30. Längengrades östlich von Greenwich richtet.

Um beim Ablesen der Zeit von einer Sonnenuhr die genaue Zeit zu ermitteln, muß neben der mittleren Ortszeit, der Zeitgleichung, auch noch die Differenz zwischen der mittleren Ortszeit und der Normalzeit bekannt sein. Daher muß der Besitzer einer Sonnenuhr nicht nur die geographische Breite, sondern auch die geographische Länge des Ortes wissen, an dem die Zeit nach der Sonnenuhr bestimmt werden soll. Liegt z. B. ein Ort auf dem 10. Längengrad östlich von Greenwich, so gilt für ihn die MEZ. Man muß die 10 Grad in Paris eingeführt. Als im 20. Jahrhundert der Eisenbahnverkehr ständig wuchs, genügte die mittlere Ortszeit nicht mehr, so kam es zur Einführung der Zonenzeit. Man teilte die Erde in 15° (Längengrade) breite Zonen, in denen jeweils die gleiche Zeit gilt. Da ein Längengrad vier Zeitminuten entspricht, beträgt der Zeitunterschied der einzelnen Zonen jeweils eine Stunde. In Deutschland gilt seit dem 1. April 1893 die Mitteleuropäische Zeit (MEZ), das ist die mittlere Ortszeit des 15. Längengrades östlich von Greenwich. Die MEZ gilt in Mitteleuropa, wie auch in Skandinavien. Die mittlere Ortszeit des Längengrades von Greenwich ist die Westeuropäische Zeit (WEZ) und gilt in Großbritannien, Spanien und Portugal, während die Osteuropäische

Beispiele zur Umrechnung von wahrer Sonnenzeit auf MEZ.

In Kassel zeigt die Sonnenuhr am 21. Mai 11 Uhr wahre Sonnenzeit an.

Zeitangabe der Sonnenuhr	11 Uhr 0 Minuten
Zeitgleichung für den 21. Mai	−4 Minuten
mittlere Ortszeit	10 Uhr 56 Minuten
Differenz zwischen mittlerer Ortszeit und MEZ	
$15° - 9°30' = 5°30'$	
$5°30' \cdot 4 = 22$ Minuten	
mittlere Ortszeit	10 Uhr 56 Minuten
Differenz (mittlere Ortszeit MEZ)	+22 Minuten
	MEZ = 11 Uhr 18 Minuten

Am 6. Juli zeigt die Sonnenuhr in Darmstadt 14 Uhr wahre Sonnenzeit an.

Zeitangabe der Sonnenuhr	14 Uhr 0 Minuten
Zeitgleichung für den 6. Juli	+4 Minuten
mittlere Ortszeit	14 Uhr 4 Minuten
Differenz zwischen mittlerer Ortszeit und MEZ	
$15° - 8°30' = 6°30'$	
$6°30' \cdot 4 = 26$ Minuten	
mittlere Ortszeit	14 Uhr 4 Minuten
Differenz (mittlere Ortszeit MEZ)	+26 Minuten
	MEZ = 14 Uhr 30 Minuten

2.2 Die antiken Stunden

Im Altertum war es üblich, die Tag- wie auch die Nachtzeit in je 12 gleichlange Stunden zu unterteilen. Man kannte die babylonische Stunde, das ist die Einteilung in 12 unter sich gleiche Stunden vom Auf- bis Untergang der Sonne. Nach Herodot haben die Griechen diese Zeiteinteilung von den Babyloniern übernommen. Die Nachtstunden wurden dann wieder in 12 unter sich gleichlange Zeitabschnitte geteilt. Bei den italienischen Stunden beginnt die Zählung mit dem Sonnenuntergang. Nur die Astronomen des Altertums rechneten von Mittag zu Mittag und bei den Chinesen soll schon von Mitternacht zu Mitternacht gezählt worden sein. Diese unterschiedliche Einteilung der Zeit bewirkte, daß im Sommer die Tagstunden unter sich länger waren als im Winter, während die Nachtstunden im Winter länger waren als im Sommer. Alle antiken Sonnenuhren sind für die Einteilung der Zeit in antike Stunden eingerichtet. Nun besaßen alle einen Gnomon, der senkrecht auf der Zifferblattebene der Sonnenuhr stand. Beim Ablesen der Zeit von solchen Uhren mußte deshalb eine Winkel- und Streckenmessung ausgeführt werden. Um zu genaueren Zeitangaben zu kommen, wurde ein Lochgnomon verwendet, da der helle Sonnenfleck innerhalb des Schattens der Gnomonspitze den Stundenpunkt auf dem Zifferblatt besser markierte als es ein Schatten getan hätte. Außerdem erklärt sich so auch die häufige Verwendung der Skaphe. Die gewölbte Zifferblattebene wurde als Spiegelbild des Himmels aufgefaßt und die Stundenpunkte ergaben darauf den jeweiligen Stand der Sonne am Aufstellungsort der Sonnenuhr zu der abgelesenen Zeit. Auch die antiken horizontalen und vertikalen Sonnenuhren waren nach diesem Prinzip gebaut und zeigen das mathematische Können dieser Zeit.

Man nimmt an, daß die Erfindung der Räderuhr, die ja nur 12 gleichlange Stunden anzeigen kann, und auch der beginnende Handels- und Reiseverkehr im Mittelalter die Entwicklung der Sonnenuhren mit dem „Polos" beschleunigte, denn nur diese Sonnenuhren zeigen am Tag gleichlange Stunden an, ohne Einfluß der Jahreszeit, also dem jeweiligen Tagesbogen der Sonne.

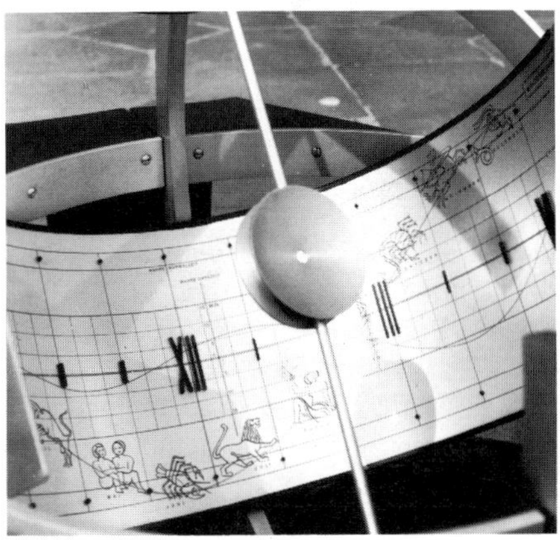

Diese moderne Sonnenuhr in Luzern besitzt einen durchlöcherten Zeiger (Gnomon), von dem schon die Chinesen 500 v. Chr. berichteten. Der innerhalb des Stabschattens entstehende Sonnenfleck läßt eine genauere Bestimmung der Zeit zu. Damit entfällt auch das Problem des Rand- und Kernschattens.

3 Zum Ort der Aufstellung oder Anbringung der Sonnenuhr

Bevor man mit dem Bau einer Sonnenuhr beginnt, sollten einige grundsätzliche Überlegungen angestellt werden. Einmal ist daran zu denken, daß eine Sonnenuhr nur dann die wahre Sonnenzeit angibt, wenn sie auf den Ort der Aufstellung genau geeicht ist, also die geographische Breite des Ortes berücksichtigt wurde. Dann muß die Mittagslinie, die 12-Uhr-Linie der Sonnenuhr, genau mit dem Meridian des Aufstellungsortes übereinstimmen. Die geographische Breite kann man auf guten Karten ablesen (siehe auch Tabelle). Die genaue Bestimmung der Nord-Süd-Richtung der Mittagslinie ist etwas schwieriger. Man hilft sich mit dem Kompaß. Nun ist bekannt, daß die Kompaßnadel nicht genau auf den geographischen Nordpol zeigt, sondern von der Nordrichtung etwas abweicht. Die Mißweisung, auch Deklination genannt, unterliegt einer ständigen Veränderung. In Deutschland zeigt diese Mißweisung nach Westen und beträgt zur Zeit etwa 3 Grad. Da die jährliche Abnahme 1 Minute ist, kann bei Beachtung der 3 Grad mit einem guten Kompaß die Mittagslinie festgestellt werden. Es ist darauf zu achten, daß dabei kein Eisen in unmittelbarer Nähe des Kompasses ist, denn dieses würde die Anzeige der Kompaßnadel beeinflussen.
Um die Sonnenuhr in die richtige Lage zu bringen, benutzt man am besten eine Wasserwaage. Das Zifferblatt der Horizontal-Sonnenuhr muß genau waagerecht auf dem Boden liegen, während es bei der Vertikal-Sonnenuhr genau senkrecht an der Wand hängen muß. Natürlich eignen sich die hier beschriebenen Sonnenuhren nur für reine Südlage. Für den in der Mathematik Ungeübten wäre es zu schwierig, die Abweichung zu berechnen. In der Praxis hat sich schon früh bewährt, ganz einfach die Sonnenuhr für die reine Südlage zu konstruieren und sie nötigenfalls einfach entsprechend schräg an der Wand zu befestigen (siehe Bild auf Seite 3).
Bäume, Sträucher usw. dürfen keinen Schatten auf die Sonnenuhr werfen, da sonst eine Anzeige der Zeit durch den Gnomon nicht möglich wäre.

4 Anleitung zur Konstruktion einfacher Sonnenuhren

Etwa seit dem 14. Jahrhundert wurde nicht mehr der Schattenpunkt des Gnomons zur Zeitbestimmung genommen, sondern die ganze Schattenlinie. Seit dieser Zeit hatten alle Sonnenuhren einen zur Erdachse parallelen Schattenwerfer, der nun auch „Polos“ genannt wurde. Der Name „Polos“ bedeutet im Griechischen so viel wie Achse und sollte wohl auf die parallele Lage zur Erdachse hinweisen. Wer zuerst eine Sonnenuhr dieser Art baute und auf die Idee kam, den Gnomon parallel zu richten, weiß man bis heute noch nicht genau; manche Wissenschaftler nehmen an, daß der „Polos“ gleichzeitig im Abendland wie auch von den arabischen Astronomen erfunden wurde. Die Konstruktion der antiken Sonnenuhren war schwierig und setzte große mathematische Kenntnisse voraus, um Stundenlinien und Gnomon so zu konstruieren, daß eine gute Zeitmessung möglich war. Professor Joseph Drecker ist 1925 in einer wissenschaftlichen Arbeit (Die Theorie der Sonnenuhren) auf die mathematischen Grundlagen antiker Sonnenuhren eingegangen; die Konstruktion der Sonnenuhren mit dem „Polos“ wird nur in zwei Kapiteln kurz beschrieben. Im Rahmen einer kleinen Anleitung zum Bau von Sonnenuhren können nur die einfachen Sonnenuhren von Interesse sein. Alle hier beschriebenen Sonnenuhren haben den Gnomon parallel zur Erdachse gerichtet und sind Süduhren.

Die Konstruktionszeichnungen für die Zifferblätter entwirft man auf einem großen Bogen Papier. Die fertige Zeichnung wird dann in Originalgröße auf Scheibe, Block, Platte, Ring usw. durchgepaust.

Bei den hier nachfolgenden Konstruktionsanleitungen zum Zeichnen eines Zifferblattes wurde bewußt darauf verzichtet, die Einteilung des Kreises in 24 Sektoren und des Halbkreises in 12 Sektoren mit dem Winkelmesser vorzunehmen, indem man jeweils 15° abmißt. Hier wird beschrieben, wie man mit Zirkel und Lineal diese Einteilung vornimmt, da diese Methode zu besseren Ergebnissen führt.

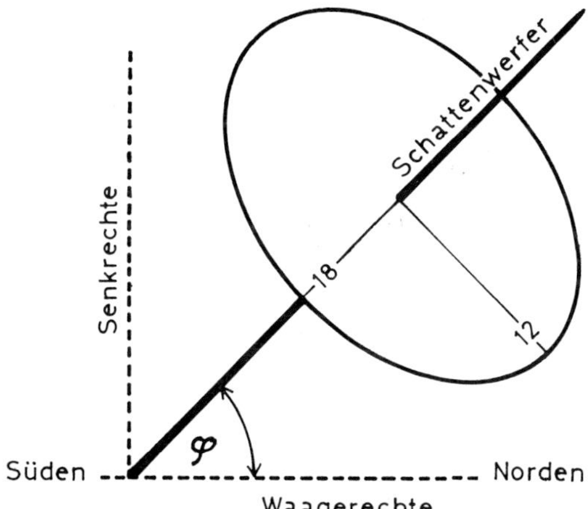

Abbildung 2

Um später den Gnomon in der richtigen Lage auf dem Zifferblatt anbringen zu können, empfiehlt es sich, ein festes rechtwinkliges Dreieck aus Pappe anzufertigen, mit dem Winkel φ der geographischen Breite. Der andere Winkel ist dann $90° - \varphi$.

Dieses Hilfsmittel erleichtert das Einrichten der äquatorialen Sonnenuhr, der polaren Süduhr und des Gnomons der horizontalen, beziehungsweise vertikalen Sonnenuhr.

4.1.1 Die äquatoriale Sonnenuhr

Die einfachste Sonnenuhr ist die äquatoriale Sonnenuhr. Das Zifferblatt dieser Uhr ist eine runde Scheibe, eingeteilt in 24 Sektoren. Im Mittelpunkt geht senkrecht, im Winkel von 90°, der Gnomon durch die Scheibe hindurch. Die ganze Konstruktion muß im Winkel φ (geographische Breite) genau nach Norden ausgerichtet werden. Der Fußpunkt des Gnomons steht im Süden, die Spitze zeigt nach Norden. Durch diese Stellung liegt die Scheibe, das Zifferblatt der äquatorialen Sonnenuhr, genau parallel zum Äquator (Abb. 2). Da durch die Drehung der Erde sich die Sonne scheinbar parallel zu dieser Ebene bewegt, so rückt der Schatten des Gnomons um ebensoviel Grade auf der Ebene weiter, wie die Sonne am Himmel, jede Stunde um 15 Grad.

Die Stundenlinien müssen auf beiden Seiten der runden Scheibe angebracht werden, da der Schatten des Gnomons im Sommer auf der oberen Seite, im Winter auf der unteren Seite der Scheibe, die wahre Sonnenzeit angibt. Je größer die Scheibe ist, desto genauer ist die Zeitangabe. Die 12-Uhr-Linie muß genaue Nord-Süd-Richtung haben. Gegenüber der horizontalen und vertikalen Sonnenuhr hat die äquatoriale Sonnenuhr den Vorteil, daß sie im Sommer auch die Zeiten vor 6 Uhr morgens und nach 18 Uhr abends angibt, solange die Sonne scheint.

4.1.2 Die Konstruktion des Zifferblattes einer äquatorialen Sonnenuhr

Um Punkt A schlägt man einen Kreis. Durch A wird der Durchmesser des Kreises gezogen. Um A werden Bögen auf den Durchmesser des Kreises geschlagen. Um die Schnittpunkte der Bögen mit dem Durchmesser werden nach beiden Seiten wiederum Bögen geschlagen, durch deren Schnittpunkte man eine Linie zieht. Diese geht durch A und ist wiederum ein Durchmesser des Kreises. Die Endpunkte der Durchmesser auf dem Kreis sind: 6, 12, 18, 24 (Abb. 3).

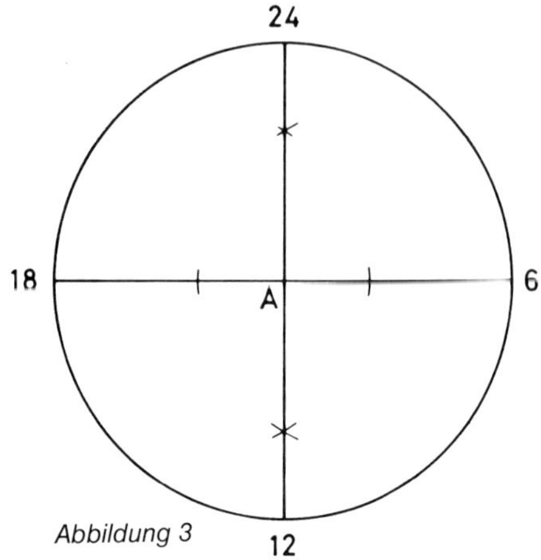

Abbildung 3

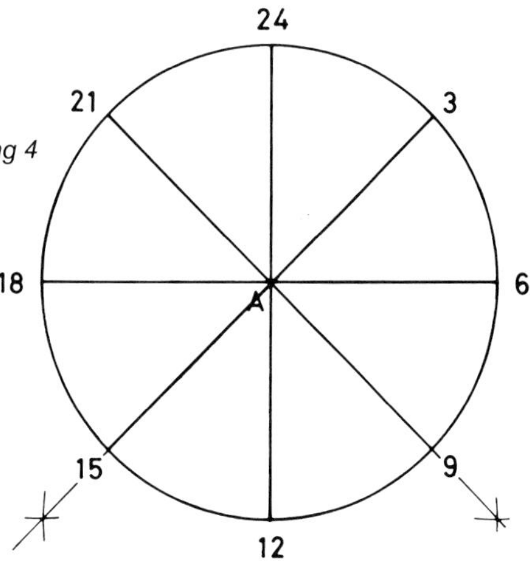

Abbildung 4

Nun schlägt man um 12 nach beiden Seiten Bögen nach außen, mit dem gleichen Radius werden um 6 und 18 ebenfalls nach außen Bögen geschlagen, die die um 12 geschlagenen Bögen schneiden. Verbindet man A jeweils mit den Schnittpunkten und zieht die Linien über A weiter auf den Kreis, so erhält man die Punkte 3, 9, 15, 21 (Abb. 4).

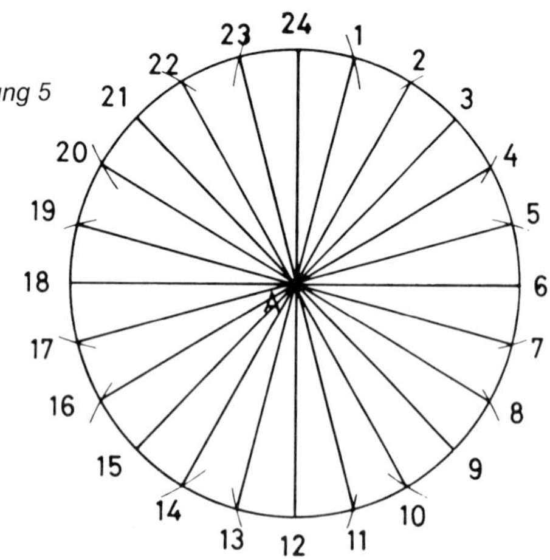

Abbildung 5

Schlägt man nun um die Punkte 3, 6, 9, 12, 15, 18, 21 und 24 nach beiden Seiten Bögen mit dem Radius des Kreises auf den Kreis und verbindet alle Schnittpunkte mit A, so ist das Zifferblatt der äquatorialen Sonnenuhr fertig. Man hat die noch fehlenden Punkte 1, 2, 4, 5, 7, 8, 10, 11, 13, 14, 16, 17, 19, 20, 22 und 23 gefunden (Abb. 5).

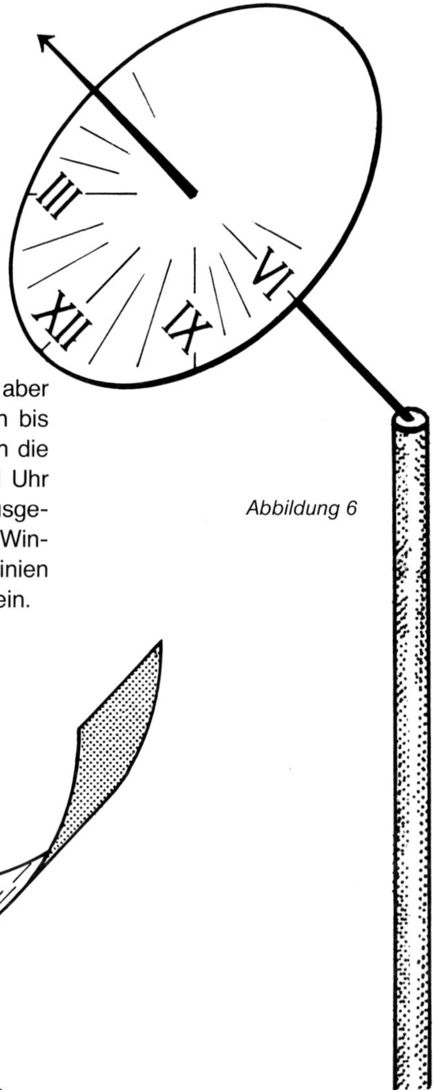

Da die Sonne im Sommer (Juni) aber bestenfalls nur von 4 Uhr 5 Minuten bis 20 Uhr 42 Minuten scheint, brauchen die Stundenlinien der Nacht, also von 21 Uhr bis 3 Uhr, auf dem Zifferblatt nicht ausgezogen zu werden (Abb. 6). Auf der „Winterseite“ brauchen nur die Stundenlinien von 6 Uhr bis 19 Uhr gut sichtbar zu sein.

Abbildung 6

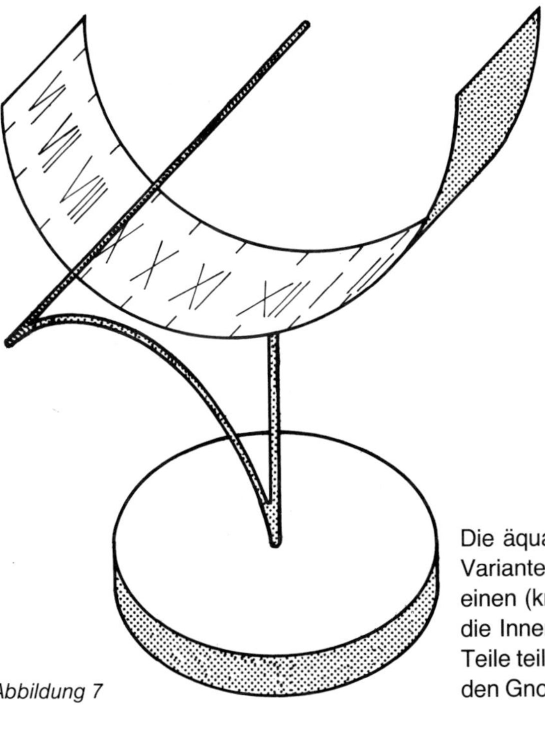

Abbildung 7

Die äquatoriale Sonnenuhr kann in vielen Varianten gebaut werden. Man kann z. B. einen (kreisrunden) breiten Ring nehmen, die Innenseite dieses Ringes in genau 24 Teile teilen und durch die Mitte des Ringes den Gnomon gehen lassen (Abb. 7).

4.1.3 Die aufgebogene äquatoriale Sonnenuhr

Bei der aufgebogenen äquatorialen Sonnenuhr hat das Zifferblatt nicht mehr die Form einer kreisrunden Fläche, sondern ist, wie ja auch der Name schon sagt, aufgebogen, d. h. die Fläche ist zu einem Ring geworden, der aber nicht mehr die kreisrunde Form hat, sondern aufgebogen ist. Dies hat natürlich eine Veränderung der Lage der Stundenlinien zur Folge. Die Stundenlinien sind nicht mehr gleich weit voneinander entfernt. Zu beachten ist, daß, je weiter man das Zifferblatt aufbiegt, desto weniger Stundenlinien können angebracht werden, es sei denn, man verlängert das Zifferblatt. Davon ist aber wegen der nicht so ansprechenden Form abzuraten.

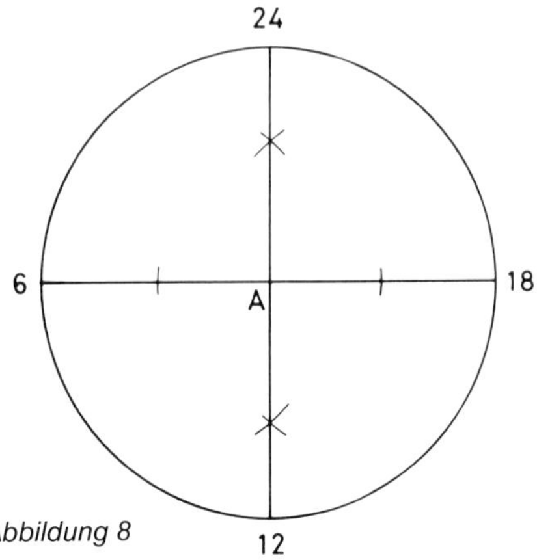

Abbildung 8

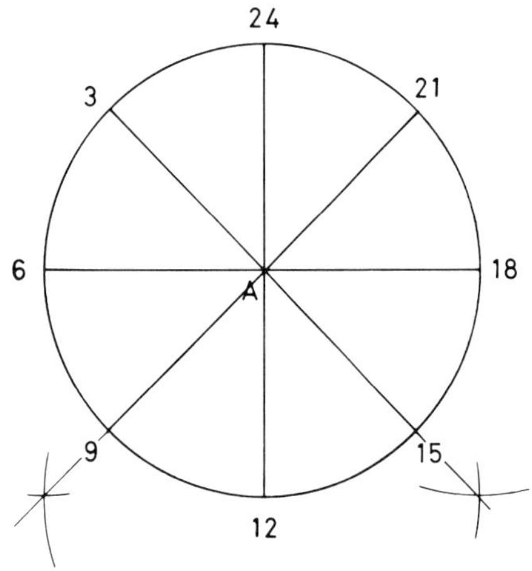

Abbildung 9

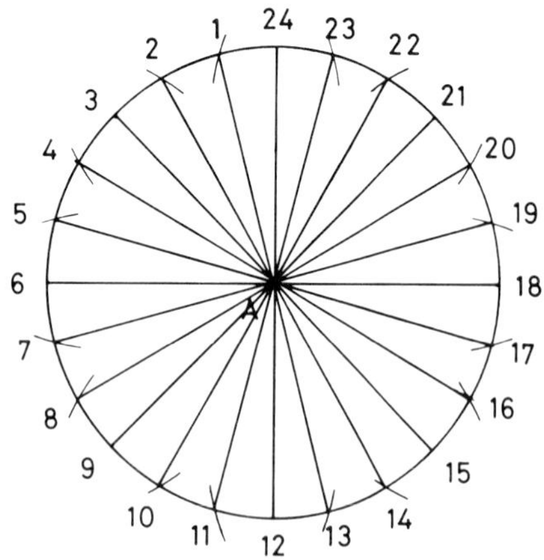

Abbildung 10

Der Gnomon liegt im Schnittpunkt der 6-Uhr-/18-Uhr-Linie mit der 12-Uhr-Linie parallel zum Zifferblatt und zeigt im Winkel der geographischen Breite nach Norden.

4.1.4 Die Konstruktion des Zifferblattes einer aufgebogenen, äquatorialen Sonnenuhr

Um den Punkt A schlägt man einen Kreis. Durch A wird der Durchmesser des Kreises gezogen. Um A werden Bögen auf den Durchmesser des Kreises geschlagen.
Um die Schnittpunkte der Bögen mit dem Durchmesser werden nach beiden Seiten wiederum Bögen geschlagen durch deren Schnittpunkte man eine Linie zieht. Diese geht durch A und ist wiederum ein Durchmesser des Kreises. Die Endpunkte der Durchmesser auf dem Kreis sind: 6, 12, 18, 24 (Abb. 8). Nun schlägt man um 12 nach beiden Seiten Bögen nach außen, mit dem gleichen Radius werden um 6 und 18 ebenfalls nach außen Bögen geschlagen, die die um 12 geschlagenen Bögen schneiden. Verbindet man A jeweils mit den Schnittpunkten und zieht die Linien über A weiter auf den Kreis, so erhält man die Punkte: 3, 9, 15, 21 (Abb. 9). Schlägt man um die Punkte 3, 6, 9, 12, 15, 18, 21 und 24 nach beiden Seiten Bögen mit dem Radius des Kreises auf den Kreis und verbindet alle Schnittpunkte mit A, so ist der Kreis in 24 Sektoren geteilt und man hat die Punkte 1, 2, 4, 5, 7, 8, 10, 11, 13, 14, 16, 17, 19, 20, 22 und 23 gefunden (Abb. 10). Unter den eingeteilten Kreis zeichnet man nun das Profil des aufgebogenen Kreises, wie es die gewünschte aufgebogene äquatoriale Sonnenuhr haben soll. Die Stundenlinien werden bis auf das Profil verlängert. So hat man die Einteilung des aufgebogenen Zifferblattes in Stundenlinien erhalten.

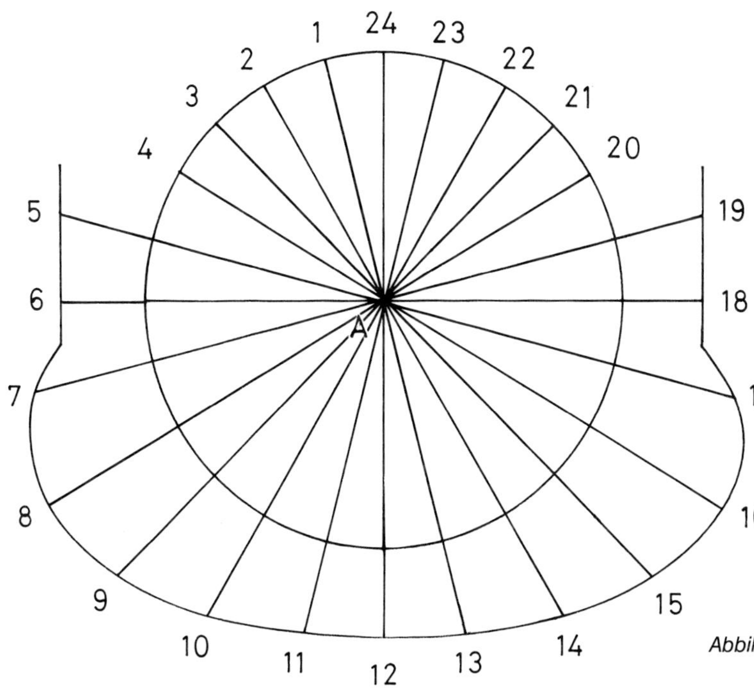

Abbildung 11

4.2.1 Die polare Süduhr

Das Zifferblatt der polaren Süduhr ist eine rechteckige Fläche, über deren 12-Uhr-Linie, parallel zur Fläche in einem bestimmten Abstand, der Gnomon liegt. Die ganze Sonnenuhr hebt sich um den Winkel der geographischen Breite aus der Horizontebene heraus (Abb. 12).

4.2.2 Die Konstruktion des Zifferblattes einer polaren Süduhr

Am oberen Rand eines Blattes zieht man eine Gerade und bestimmt auf ihr den Punkt A, um den man einen Halbkreis nach unten schlägt. Die Schnittpunkte der Geraden mit dem Halbkreis sind 6 und 18. Auf der Linie werden um A kleine Bögen geschlagen. Um die Schnittpunkte schlägt man wiederum Bögen. Deren Schnittpunkt wird mit A verbunden und die Linie nach unten verlängert. Dies ist die 12-Uhr-Linie des Zifferblattes. Sie schneidet den Halbkreis im Punkt B (Abb. 13). Nun schlägt man um B auf die 12-Uhr-Linie Bögen, um die so entstandenen Schnittpunkte wiederum Bögen nach beiden Seiten. Durch die Schnittpunkte der Bögen wird eine Linie gezogen. Dies ist die Ost-West-Gerade des Zifferblattes, die auch durch den Punkt B geht (Abb. 14). Um B wird nun ein Halbkreis mit dem Radius AB nach oben geschlagen. Die Schnittpunkte der Halbkreise sind 8 und 16, die Schnittpunkte mit der Ost-West-Geraden sind der 9-Uhr- und 15-Uhr-Punkt (Abb. 15).

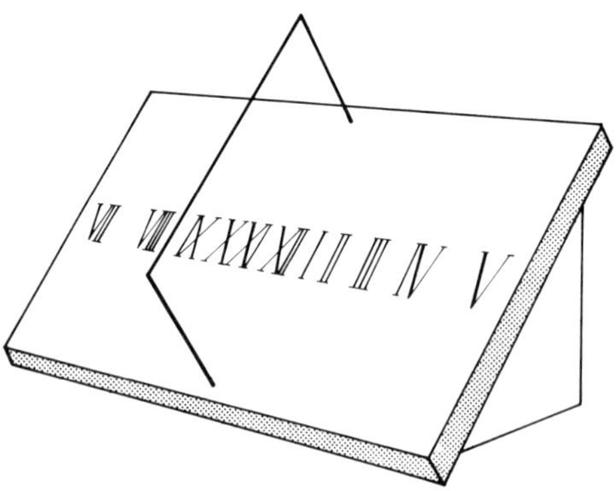

Abbildung 12

Nun verbindet man jeweils A mit den verschiedenen Punkten und erhält die Punkte 8 Uhr und 16 Uhr auf der Ost-West-Geraden und 9 und 15 auf dem oberen Halbkreis. Nun schlägt man um 6 und 18 Bögen auf den oberen Halbkreis mit dem Radius AB und erhält die Punkte 10 und 14, die Verbindungen A 10 und A 14 auf die Ost-West-Gerade verlängert ergeben den 10-Uhr-Punkt und 14-Uhr-Punkt (Abb. 16). Nun werden um 15 und 9 auf den oberen Halbkreis Bögen mit dem Radius AB geschlagen, man erhält die Punkte 11 und 13, die Verlängerungen der Radien A 11 und A 13 ergeben auf der Ost-West-Geraden den 11-Uhr-Punkt und 13-Uhr-Punkt (Abb. 17). Nun werden um 11 und 13 Bögen mit dem Radius AB auf den oberen Halbkreis geschlagen und so die Punkte 7 und 17 gefunden, die Verlängerungen der Radien A 7 und A 17 ergeben auf der Ost-West-Geraden die Punkte 7 Uhr und 17 Uhr (Abb. 18). Zieht man nun Parallelen zu der 12-Uhr-Linie durch die Punkte 7 Uhr, 8 Uhr, 9 Uhr, 10 Uhr, 11 Uhr, 13 Uhr, 14 Uhr, 15 Uhr, 16 Uhr und 17 Uhr, hat man das Zifferblatt der polaren Süduhr. Die Länge der Parallelen hängt von der gewünschten Größe ab und hat auf die Zeitangabe der Sonnenuhr keinen Einfluß. Der Gnomon muß genau über der 12-Uhr-Linie parallel angebracht werden. Sein Abstand von der Linie ist gleich der Entfernung des 9-Uhr-Punktes von B, bzw. des 15-Uhr-Punktes von B, also gleich AB (Abb. 19).

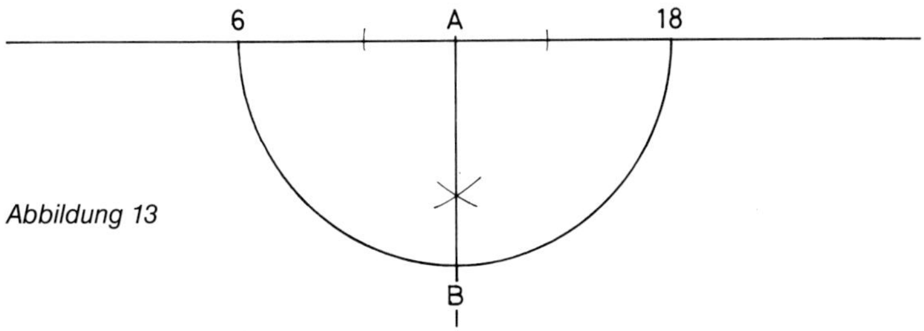

Abbildung 13

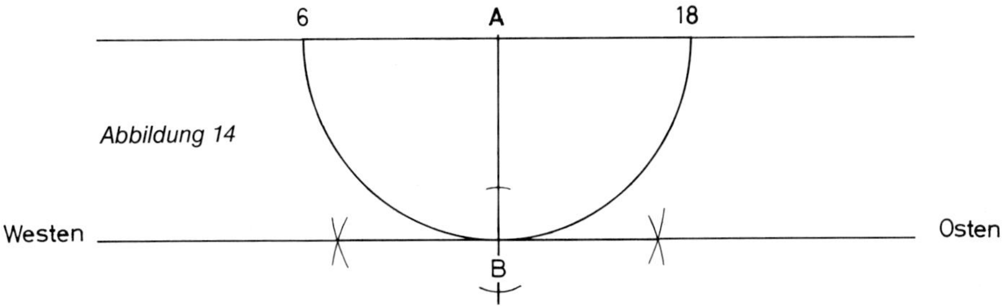

Abbildung 14

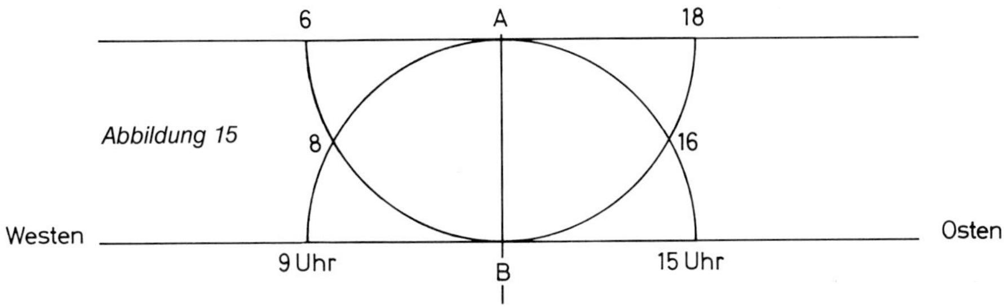

Abbildung 15

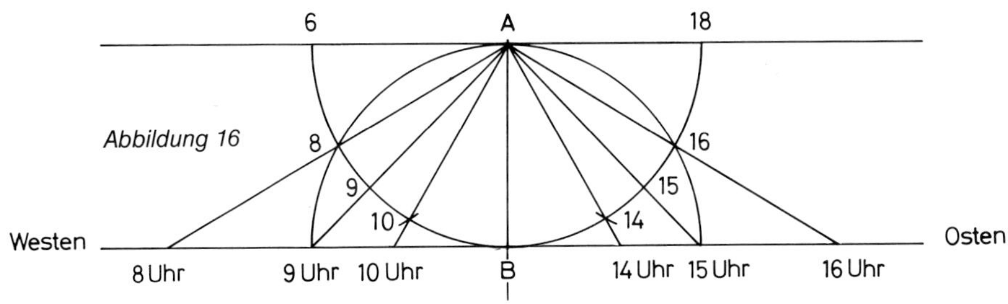

Abbildung 16

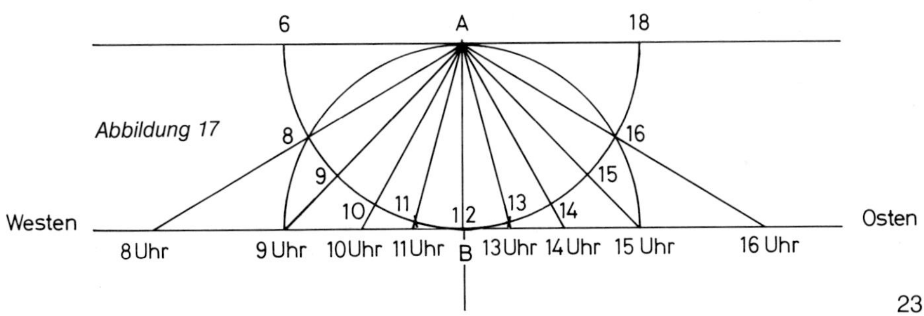

Abbildung 17

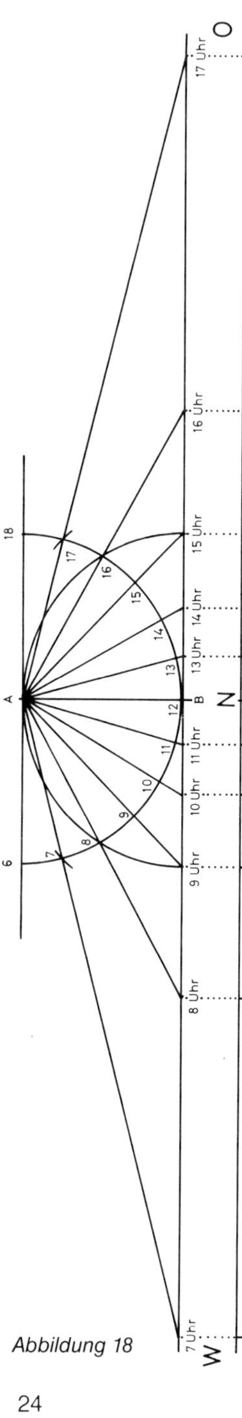

Abbildung 18

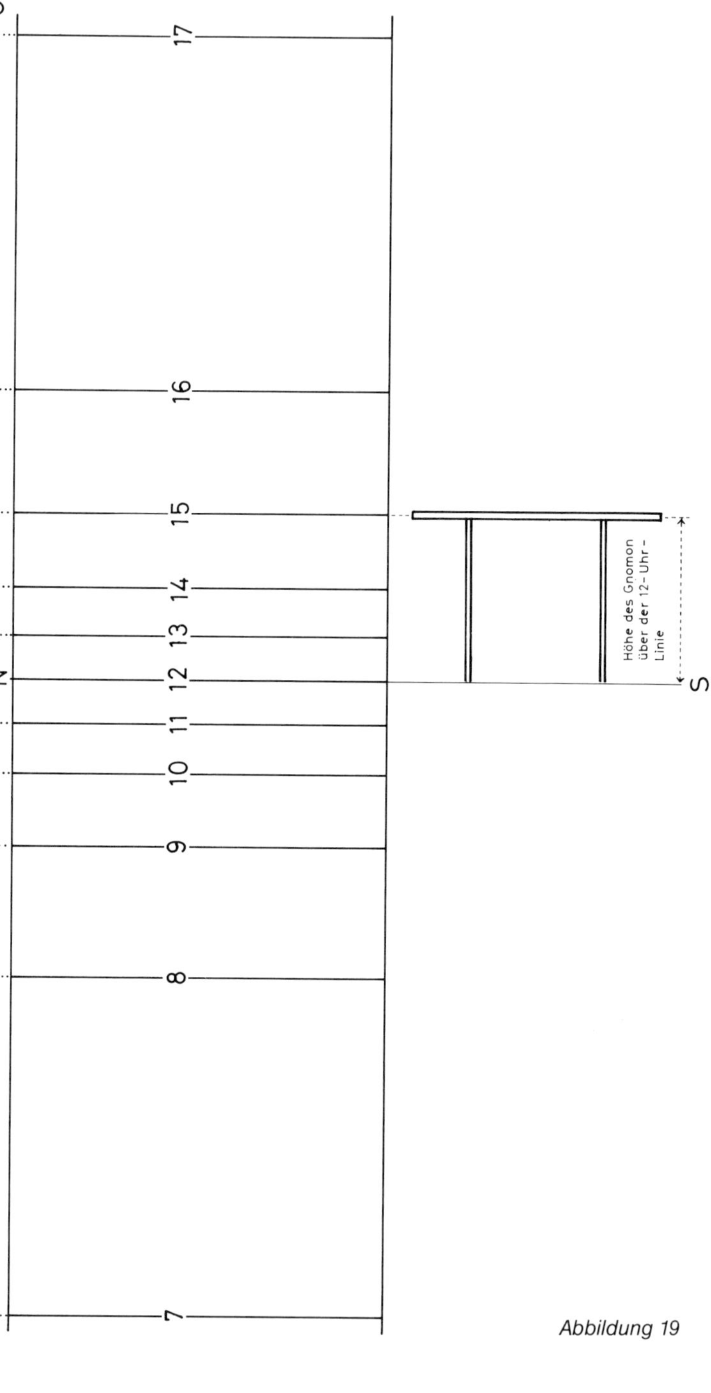

Abbildung 19

4.3.1 Die horizontale Sonnenuhr

Das Zifferblatt der horizontalen Sonnenuhr liegt waagerecht auf dem Boden, der Gnomon zeigt im Winkel der geographischen Breite nach Norden, steht so parallel zur Erdachse. Diese Sonnenuhr eignet sich gut zur Aufstellung in einer Rasenfläche, da man von allen Seiten die Zeit gut ablesen kann. Die horizontale Sonnenuhr wird auch Flächensonnenuhr genannt (Abb. 20).

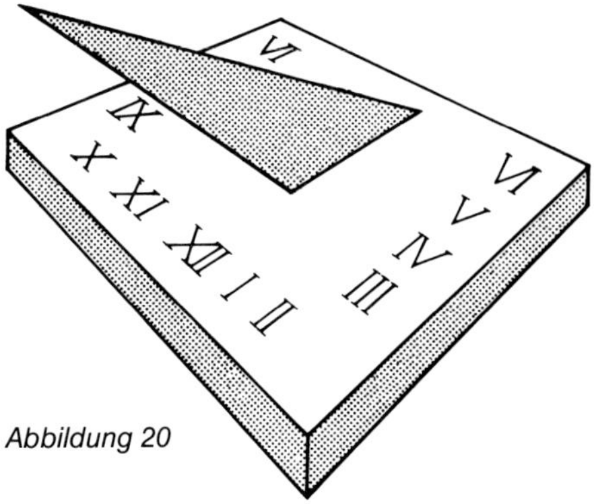

Abbildung 20

4.3.2 Die Konstruktion des Zifferblattes einer horizontalen Sonnenuhr

Am oberen Rand eines Blattes zieht man eine Gerade und bestimmt auf ihr den Punkt A. Um A schlägt man einen Halbkreis nach unten, die Schnittpunkte des Halbkreises mit der Geraden sind 6 und 18 (Abb. 21). Nun schlägt man um 6 und 18 Bögen mit gleichen Radien und verbindet den Schnittpunkt der Bögen mit A. Man hat so von A aus das Lot gefällt, der Schnittpunkt mit dem Halbkreis ist der Punkt B. Die verlängerte Linie AB ist die 12-Uhr-Linie der Sonnenuhr (Abb. 22). Durch B wird nun die Parallele zur oberen Linie gezogen, indem man um B Bögen mit gleichen Radien schlägt. Von den Schnittpunkten mit der 12-Uhr-Linie aus schlägt man wiederum Bögen mit gleichem Radius und verbindet deren Schnittpunkte miteinander. Die Linie geht durch B und ist die Ost-West-Achse der Sonnenuhr (Abb. 23). Nun muß man den Halbkreis in 12 gleiche Sektoren teilen. Man kann die Aufteilung mit einem Winkelmesser vornehmen, indem man immer 15° abmißt. Genauer wird es aber mit dem Zirkel. Man schlägt um B einen Kreis mit dem Radius AB. Die

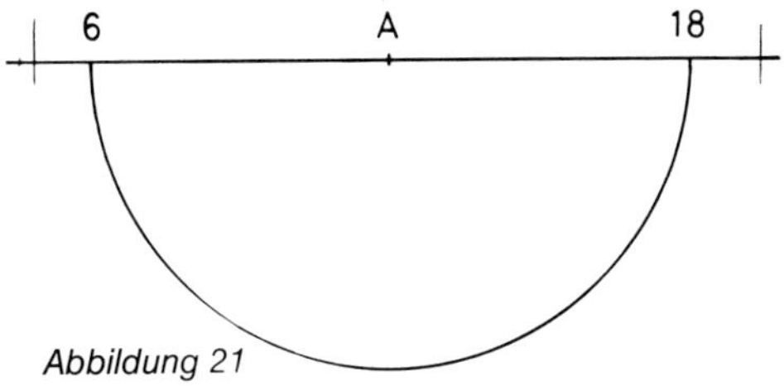

Abbildung 21

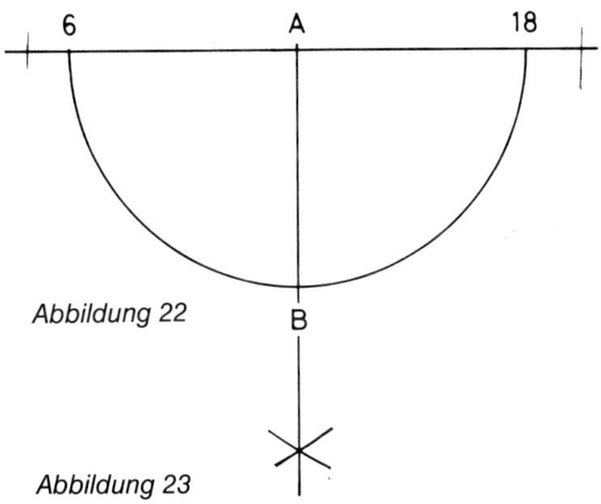

Abbildung 22

Abbildung 23

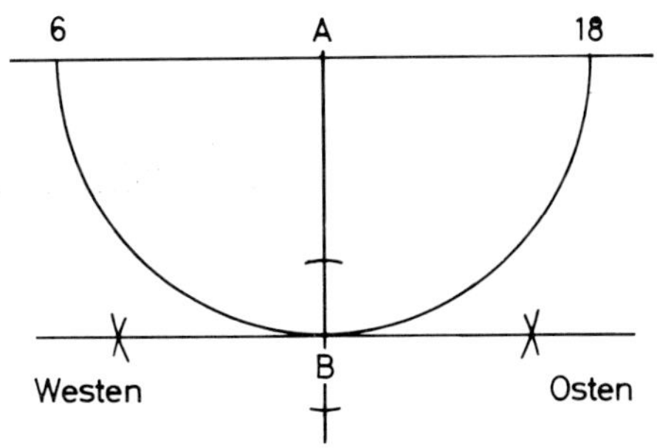

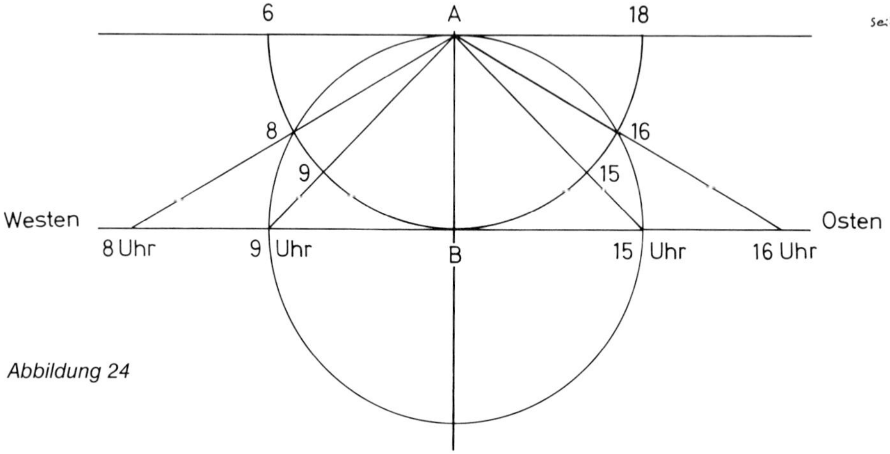

Abbildung 24

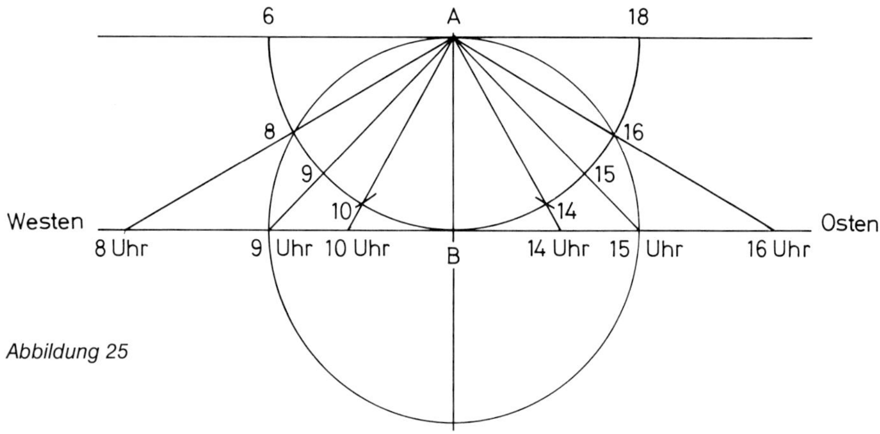

Abbildung 25

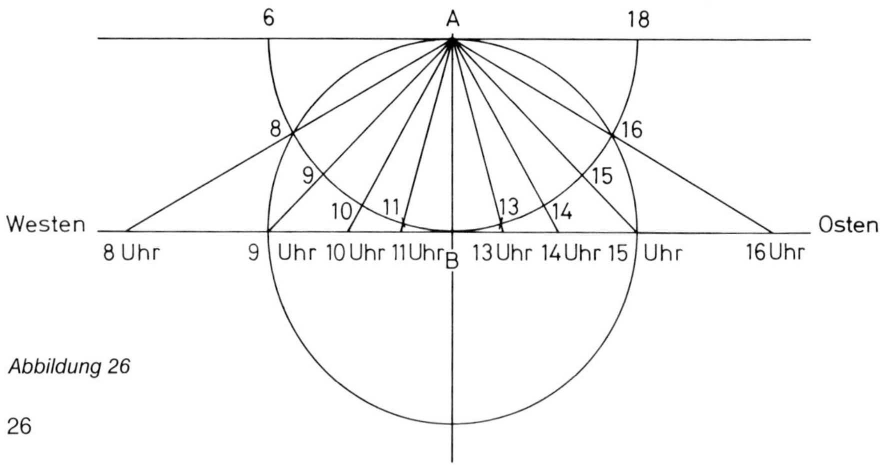

Abbildung 26

Schnittpunkte mit dem oberen Halbkreis sind die Punkte 8 und 16, die Schnittpunkte auf der Ost-West-Achse sind der 9-Uhr-Punkt und der 15-Uhr-Punkt. Verbindet man A jeweils mit dem 9-Uhr- und 15-Uhr-Punkt, erhält man die Schnittpunkte der Linien 9 Uhr–Punkt A und 15 Uhr–Punkt A mit dem Halbkreis. Diese sind 9 und 15 (Abb. 24). Nun werden um 6 und 18 Bögen mit dem Radius AB geschlagen, die Schnittpunkte mit dem Halbkreis sind 10 und 14 (Abb. 25). Die Schnittpunkte der Bögen mit dem Radius AB um 9 und 15 mit dem Halbkreis sind 13 und 11 (Abb. 26). Um 13 und 11 geschlagene Bögen mit dem Radius AB ergeben mit dem Halbkreis die Punkte 7 und 17 (Abb. 27). Die Schnittpunkte der Verlängerungen der Radien A7 bis A17 mit der Ost-West-Achse ergeben die Stundenpunkte der horizontalen Sonnenuhr. Im Punkt B zeichnet man nun den Winkel 90°—φ auf die 12-Uhr-Linie ein. φ ist hier die geographische Breite des Standortes der Sonnenuhr. Für Stuttgart wäre dies 90°—49° = 41°. Der eine Schenkel des Winkels 90°—φ wird von dem Kreis um B im Punkt C geschnitten. In C wird auf dem Schenkel eine Senkrechte errichtet, indem man 90° abmißt. Diese schneidet die Mittagslinie in D (Abb. 28). Verbindet man D jeweils mit den einzelnen Stundenpunkten, erhält man die Stundenlinien und damit das Zifferblatt der horizontalen Sonnenuhr (Abb. 29). Hat man das Zifferblatt in der gewünschten Ausführung fertig, legt man es genau waagerecht an den dafür vorgesehenen Platz. Die 12-Uhr-Linie muß in Nord-Süd-Richtung liegen. Im Treffpunkt der Stundenlinien (D) wird der Schattenwerfer im Winkel der geographischen Breite genau über der 12-Uhr-Linie nach Norden weisend aufgerichtet. Abb. 30 und 31 zeigen zwei Vorschläge für Zifferblattentwürfe.

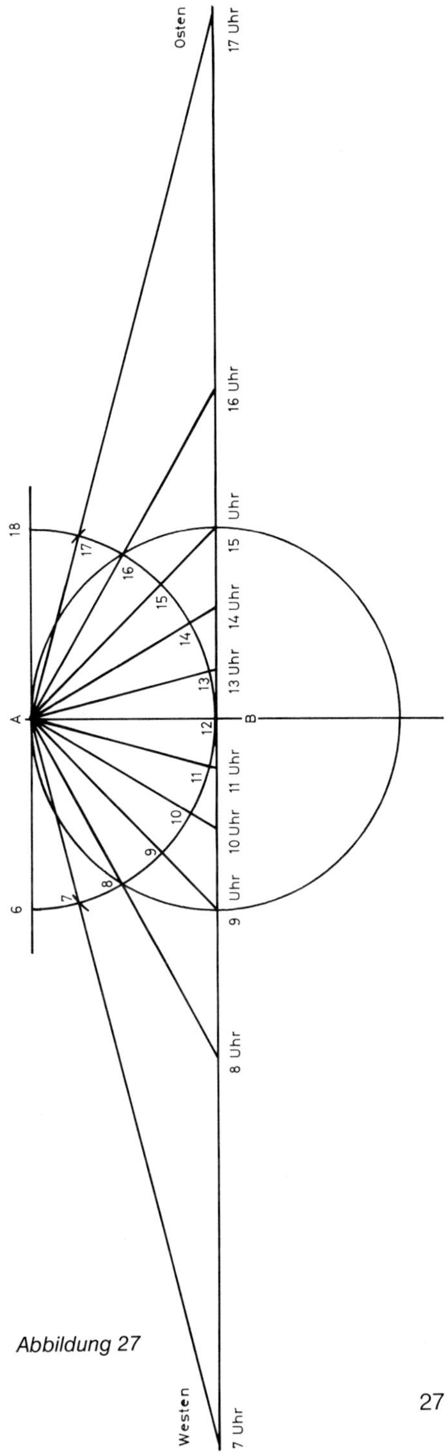

Abbildung 27

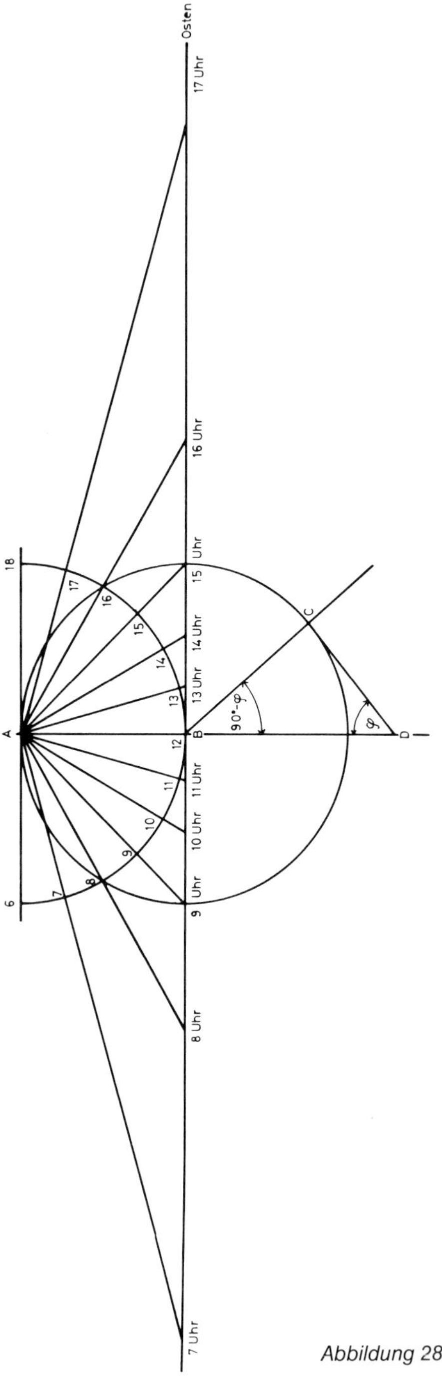

Abbildung 28

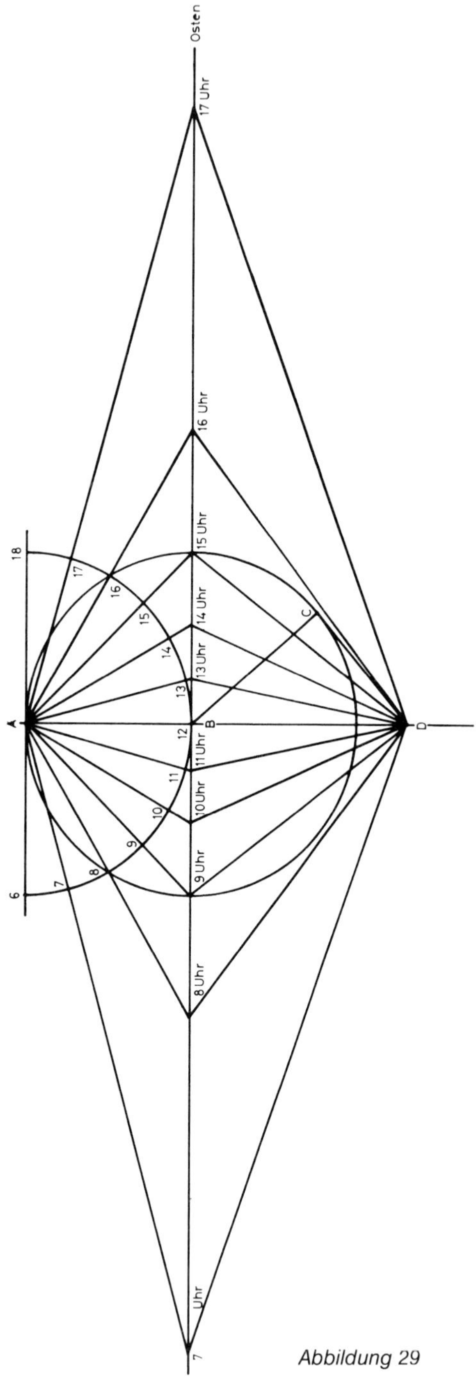

Abbildung 29

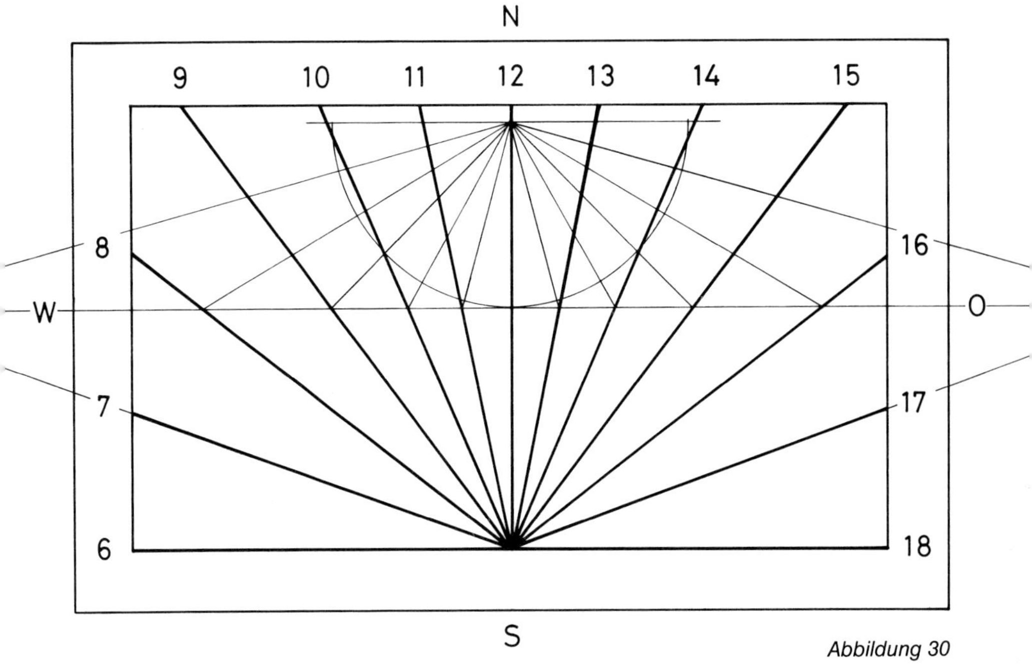

Abbildung 30

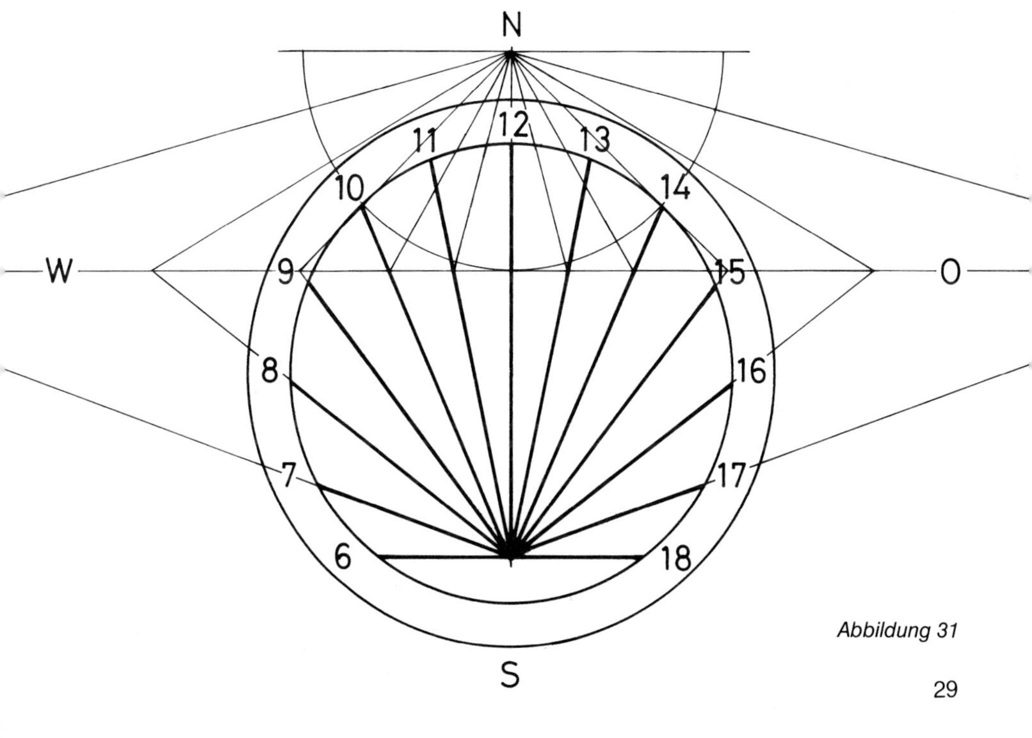

Abbildung 31

4.4.1 Die vertikale Sonnenuhr

Ist daran gedacht, eine Sonnenuhr an einer senkrechten Wand anbringen zu wollen, so ist dafür die vertikale Sonnenuhr, auch Senkrechtsonnenuhr genannt, am besten geeignet. Die Wand muß bei der hier beschriebenen Sonnenuhr genaue Ost-West-Richtung haben und die Anbringungsfläche gegen Süden liegen. Das Zifferblatt der Sonnenuhr muß genau senkrecht an der Wand hängen (Abb. 32), der Schattenwerfer (Gnomon) steht im Winkel 90°—φ im Treffpunkt der Stundenlinien.

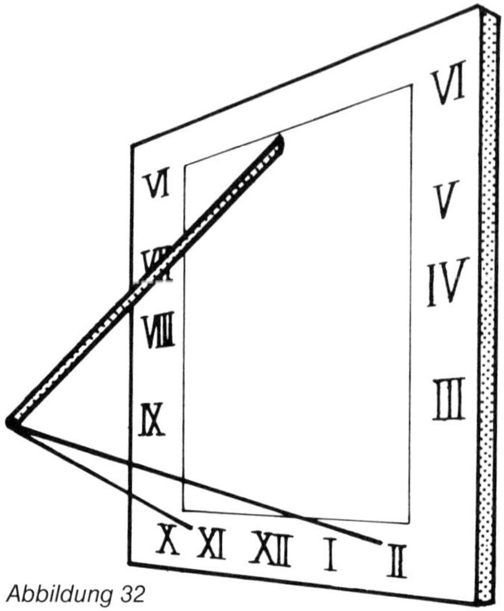

Abbildung 32

4.4.2 Die Konstruktion des Zifferblattes einer vertikalen Sonnenuhr

Am unteren Rand eines Blattes zieht man eine Gerade und bestimmt auf ihr den Punkt A. Um A schlägt man einen Halbkreis nach oben. Die Schnittpunkte des Halbkreises mit der Geraden sind 6 und 18 (Abb. 33). Nun schlägt man um 6 und 18 Bögen mit gleichem Radius und verbindet den Schnittpunkt der Bögen mit A. Man hat so in A die Senkrechte errichtet. Der Schnittpunkt der Senkrechten mit dem Halbkreis ist der Punkt B. Die verlängerte Linie AB ist die 12-Uhr-Linie der Sonnenuhr (Abb. 34). Durch B wird nun die Parallele zur unteren Linie gezogen, indem man um B Bögen mit gleichem Radius schlägt. Von den Schnittpunkten mit der 12-Uhr-Linie aus schlägt man wiederum Bögen und verbindet deren Schnittpunkte miteinander. Die Linie geht durch B und ist die Ost-West-Gerade der Sonnenuhr (Abb. 35). Nun muß man den Halbkreis in 12 gleiche Sektoren teilen. Die Aufteilung mittels Zirkel ist genauer als die mit dem Winkelmesser und geht wie folgt: Man schlägt um B einen Kreis mit dem Radius AB, die Schnittpunkte mit dem unteren Halbkreis sind die Punkte 8 und 16, die Schnittpunkte auf der Ost-West-Geraden sind der 9-Uhr- und 15-Uhr-Punkt. Verbindet man A jeweils mit dem 9-Uhr- und 15-Uhr-Punkt, so erhält man die Schnittpunkte der Linien 9-Uhr-Punkt A und 15-Uhr-Punkt A mit dem Halbkreis; diese sind 9 und 15 (Abb. 36). Nun werden um 6 und 18 Bögen mit dem Radius AB geschlagen, die Schnittpunkte mit dem Halbkreis sind 10 und 14 (Abb. 37). Die Schnittpunkte der Bögen mit dem Radius AB um 9 und 15 mit dem Halbkreis sind 13 und 11 (Abb. 38). Um 13 und 11 geschlagene Bögen mit dem Radius AB ergeben auf dem Halbkreis die Punkte 7 und 17 (Abb. 39). Die Schnittpunkte der Verlängerungen der Radien A7 bis A17 mit der Ost-West-Geraden ergeben die Stundenpunkte der Sonnenuhr. Im Punkt B zeichnet man nun den Winkel φ, die geographische Breite des Standortes der Sonnenuhr, auf die

12-Uhr-Linie ein (Stuttgart 49°). Der eine Schenkel des Winkels ist die 12-Uhr-Linie, der andere Schenkel wird im Punkt C von dem Kreis um B geschnitten. In C wird eine Senkrechte errichtet, die die 12-Uhr-Linie im Punkt D schneidet (Abb. 40). Zieht man nun Verbindungslinien von D zu den einzelnen Stundenpunkten auf die Ost-West-Gerade, erhält man das Zifferblatt der vertikalen Sonnenuhr. Im Punkt D wird der Gnomon im Winkel $90° - \varphi$ über der 12-Uhr-Linie errichtet (Abb. 41). Anregung zur Gestaltung von Zifferblättern geben die Abb. 42 bis 44.

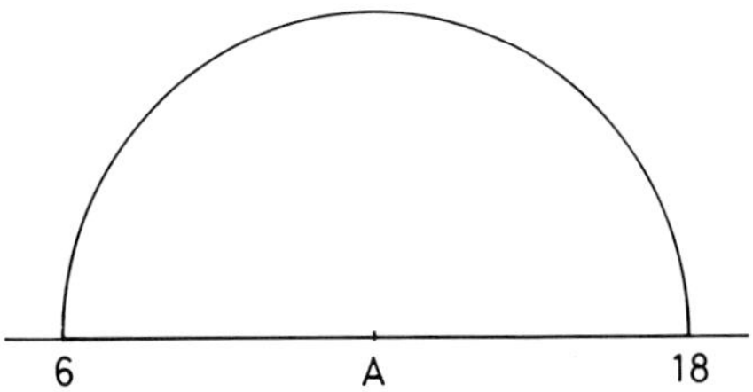

Abbildung 33

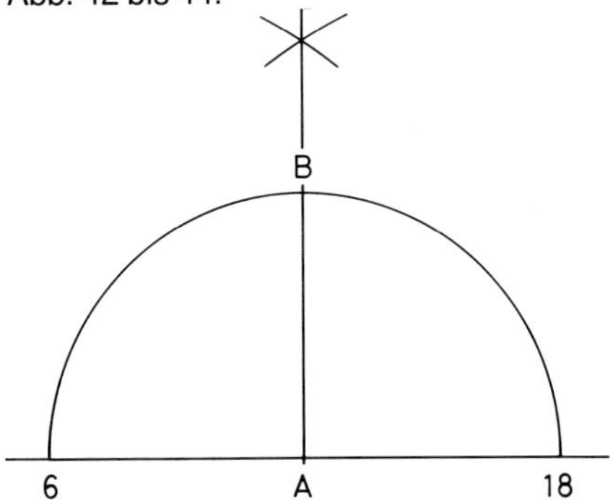

Abbildung 34

Westen

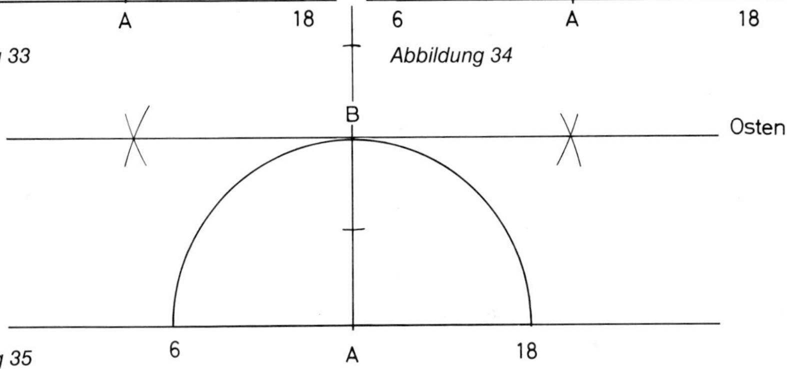

Abbildung 35

Westen

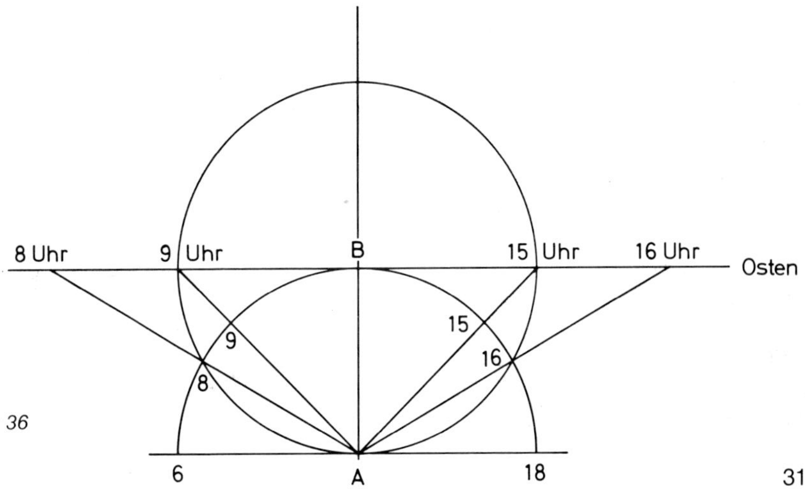

Abbildung 36

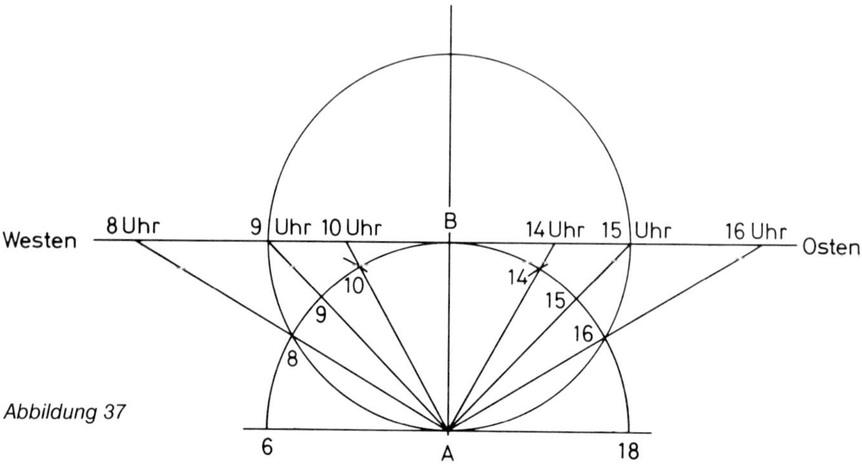

Abbildung 37

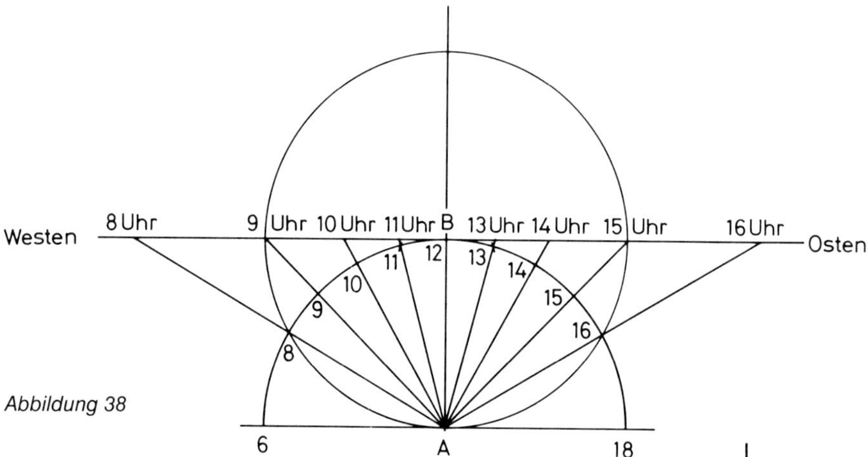

Abbildung 38

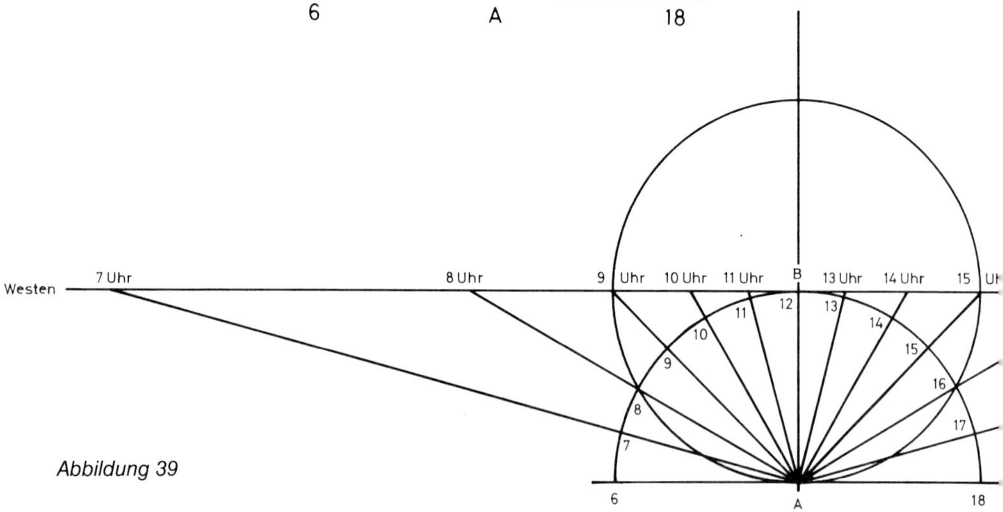

Abbildung 39

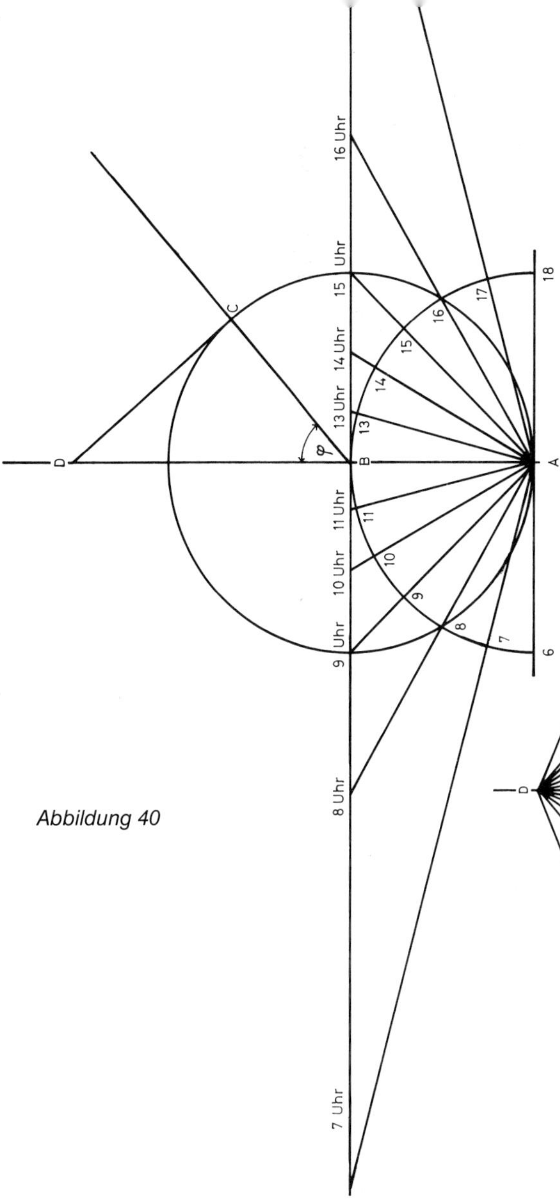

Abbildung 40

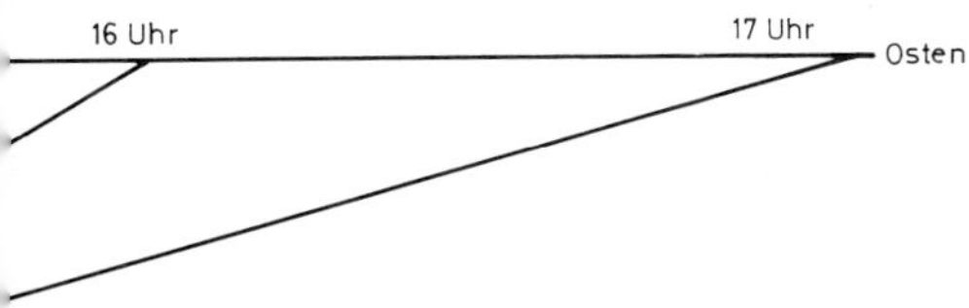

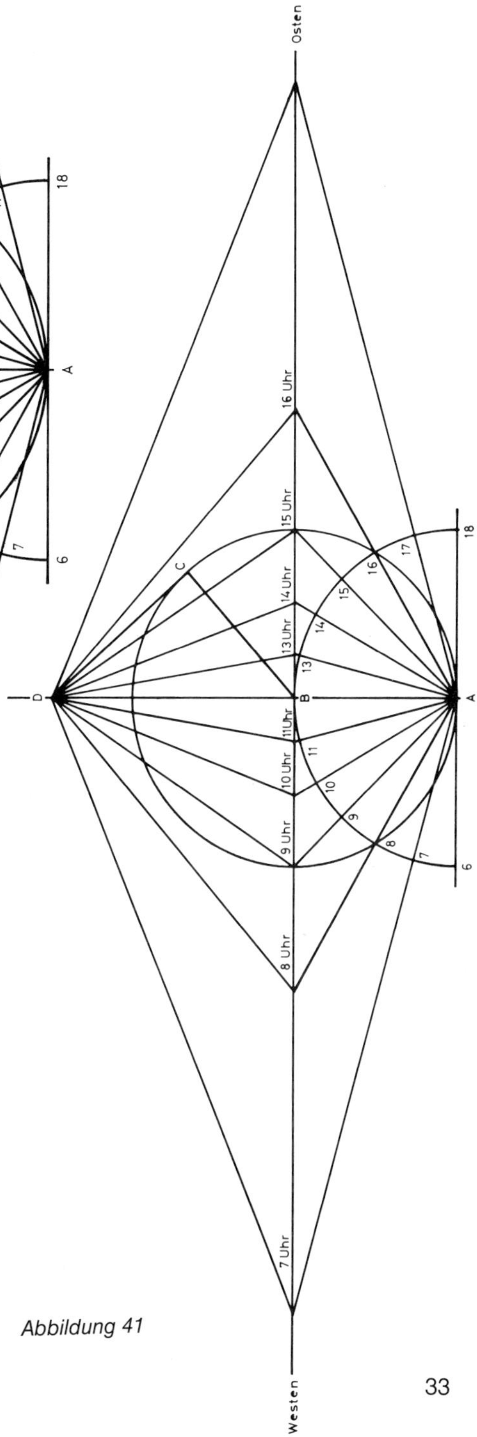

Abbildung 41

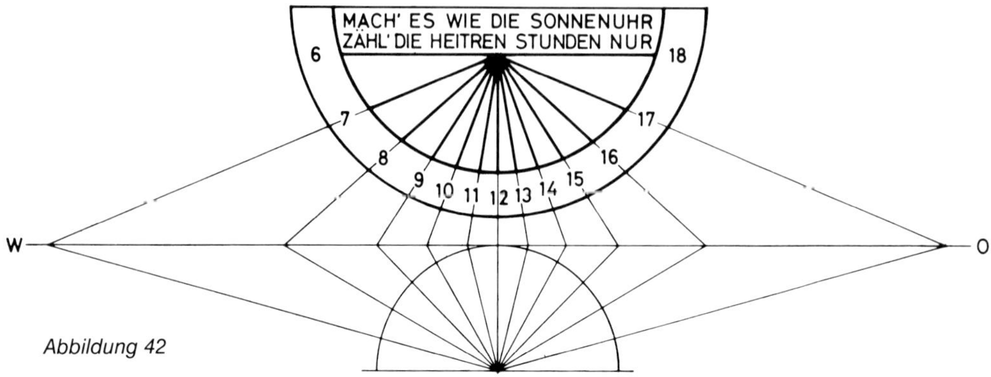

Abbildung 42

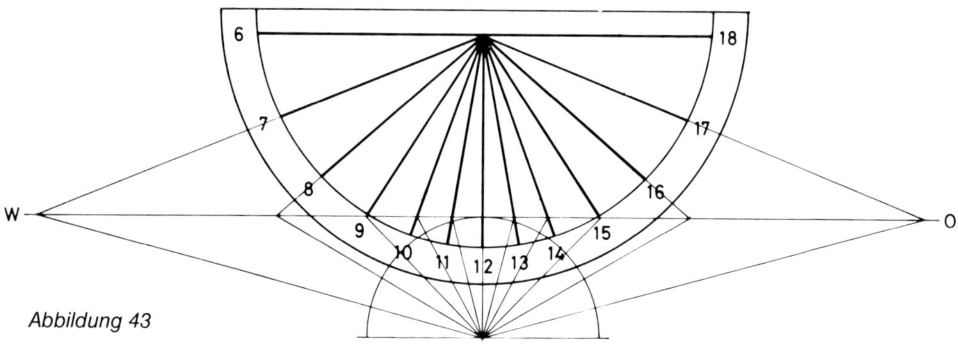

Abbildung 43

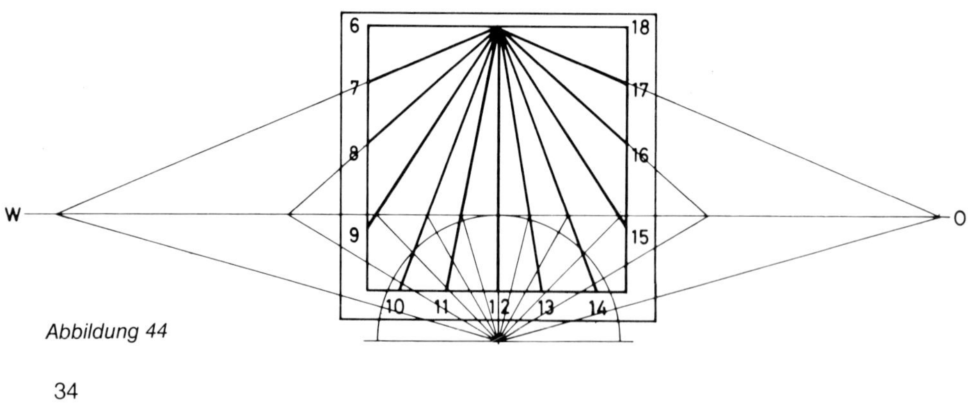

Abbildung 44

Sonnenuhr am alten Kloster Bebenhausen.
Am Kloster Bebenhausen in Württemberg, einer ehemaligen Zisterzienserabtei, die um 1187 von Pfalzgraf Rudolf von Tübingen gegründet wurde, ist eine Vertikal-Sonnenuhr aus dem Jahre 1570 zu sehen, in die man später zusätzlich eine Räderuhr eingebaut hat. Weiß man über Zeitgleichung und die Umrechnung auf Mitteleuropäische Zeit Bescheid, so hat man hier eine gute Gelegenheit, die Angabe der Räderuhr durch die Zeitangabe der Sonnenuhr nachzuprüfen.

5 Sonnenuhrzifferblätter für den 51. Breitengrad

In einer Handschrift aus dem Jahre 1447 von Theodor Ruff (Münchner Hof- und Staatsbibliothek, Cod. lat. 11067, Blatt 193, „scriptum per me Theodoricum Ruffi ord. min. Anno Domini 1447“, nach Joseph Drecker: Die Theorie der Sonnenuhren, S. 76) findet sich eine Zeichnung, die den geometrischen Zusammenhang der Stundenlinien aller Sonnenuhrsysteme mit dem polwärts gerichteten Gnomon zeigt. Albrecht Dürer hat ebenfalls einen solchen Zifferblattentwurf ausgeführt. Dieser Holzschnitt ist in seinem Lehrbuch über Sonnenuhren (Nürnberg, 1525) zu sehen.
Der abgebildete Entwurf zeigt die Sonnenuhrzifferblätter konstruiert für den 51. Breitengrad. Ausgangspunkt der Konstruktion ist das Zifferblatt der äquatorialen Sonnenuhr, ein in 24 Sektoren geteilter Kreis. Die 12-Uhr-Linie ist nach oben und unten verlängert, sie ist allen Zifferblättern gemeinsam. In den Schnittpunkten der 12-Uhr-Linie mit dem Kreis werden senkrecht auf die Mittagslinie zwei Tangenten an den Kreis gelegt. Diese sind die Ost-West-Geraden der Zifferblätter. Verlängert man die Radien des Kreises auf die Ost-West-Geraden, erhält man die Stundenpunkte. Werden durch die Stundenpunkte Parallelen zu der 12-Uhr-Linie gezogen, erhält man das Zifferblatt der polaren Süduhr. Um das Zifferblatt der horizontalen Sonnenuhr zu erhalten, wird im Schnittpunkt der 12-Uhr-Linie mit der unteren Ost-West-Geraden auf die Mittagslinie nach unten der Winkel 90° — geographische Breite angetragen. Auf dem Schenkel des Winkels mißt man den Radius der äquatorialen Sonnenuhr ab und errichtet in dem gefundenen Punkt eine Gerade. Diese schneidet die 12-Uhr-Linie in dem Punkt, in dem später der Gnomon im Winkel der geographischen Breite nach Norden aufzurichten ist. Dort treffen sich die von den Stundenpunkten auf der Ost-West-Geraden gezogenen Stundenlinien. Die Konstruktion des vertikalen Zifferblattes ist ähnlich. Hier wird der Schnitt-

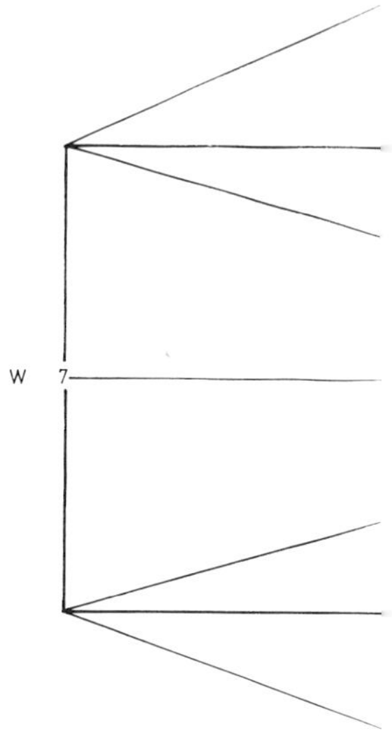

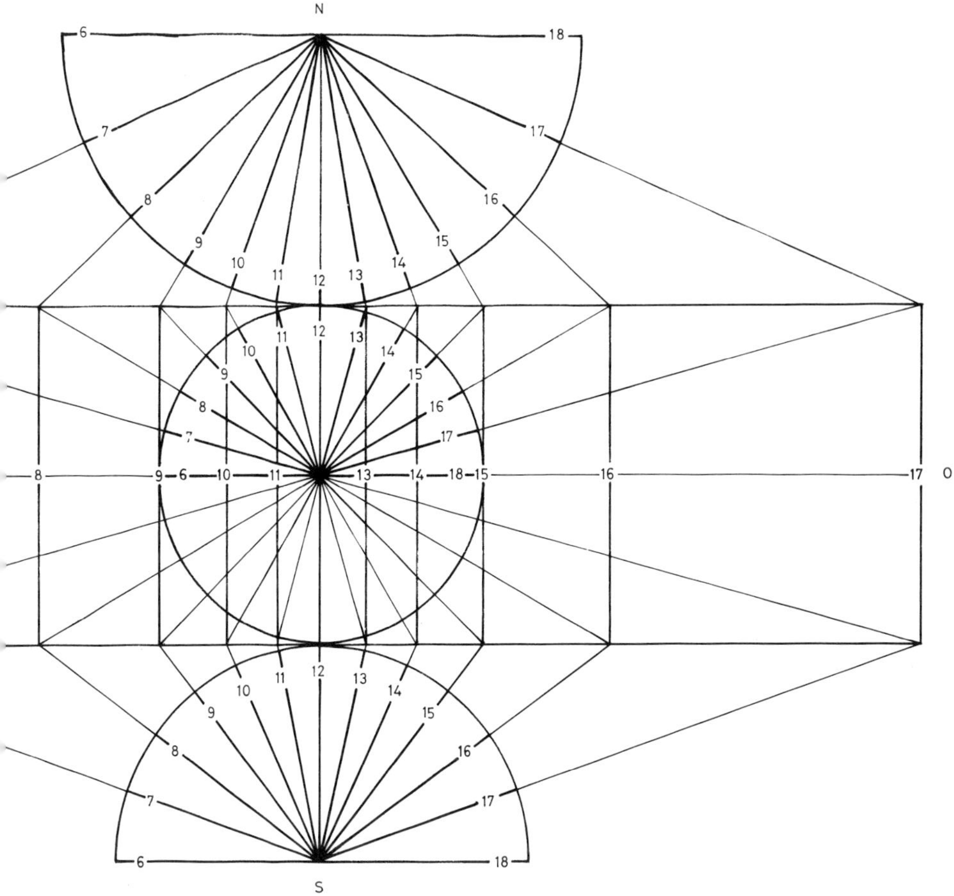

Abbildung 45

punkt der 12-Uhr-Linie mit der oberen Ost-West-Geraden als Ausgangspunkt gewählt und der Winkel der geographischen Breite angetragen. Der Gnomon steht im Winkel 90° — geographische Breite im gefundenen Treffpunkt aller Stundenlinien.

Auf dem gezeigten Beispiel wurde mit Absicht die geographische Breite von 51° gewählt, um den Unterschied der Lage der Stundenlinien zwischen dem horizontalen und dem vertikalen Zifferblatt besser zu zeigen.

6 Geographische Lage verschiedener Orte

Ort	geographische Breite (nördl.)	geographische Länge (östl. v. Gr.)
Aachen	51°	6°
Amsterdam	52°	5°
Augsburg	48½°	11°
Basel	47½°	7½°
Berlin	52½°	13½°
Bern	47°	7½°
Bielefeld	52°	8½°
Bonn	51°	7°
Braunschweig	52°	10½°
Bremen	53°	9°
Brüssel	51°	4½°
Darmstadt	50°	9°
Dortmund	51½°	7½°
Dresden	51°	13½°
Düsseldorf	51°	7°
Erfurt	51°	11°
Essen	51½°	7°
Flensburg	55°	9½°
Frankfurt a. M.	50°	9°
Frankfurt a. d. Oder	52½°	14½°
Freiburg i. Br.	48°	8°
Genf	46°	6°
Graz	47°	15½°
Halle a. d. Saale	51½°	12°
Halle i. Westf.	52°	8½°
Hamburg	53½°	10°
Hannover	52½°	9½°
Heidelberg	49½°	8½°
Innsbruck	47°	11½°
Karl-Marx-Stadt	51°	13°
Karlsruhe	49°	8½°
Kassel	51°	9½°
Kiel	54½°	10°
Koblenz	50½°	7½°
Köln	51°	7°
Konstanz	47½°	9°
Lausanne	46½°	6½°
Leipzig	51½°	12½°
Linz	48°	14°
Lübeck	54°	11°
Lüneburg	53°	10½°
Luxemburg	49½°	6°
Magdeburg	52°	11½°
Mainz	50°	8°
Mannheim	49½°	8½°
München	48°	11½°
Münster i. Westf.	52°	7½°
Nürnberg	49½°	11°
Osnabrück	52°	8°
Regensburg	49°	12°
Rostock	54°	12°
Rotterdam	52°	4½°
Saarbrücken	49°	7°
Salzburg	48°	13°
Schwerin	53½°	11½°
Stuttgart	49°	9°
Trier	50°	7°
Ulm	48½°	10°
Weimar	51°	11°
Wien	48°	16½°
Wiesbaden	50°	8°
Wuppertal	51°	7°
Würzburg	50°	10°
Zürich	47½°	8½°

7 Tageswerte der Zeitgleichung (Mittelwerte)

Tag	Jan.	Febr.	März	Apr.	Mai	Juni	Juli	Aug.	Sept.	Okt.	Nov.	Dez.
1	4	14	13	4	−3	−3	3	6	0	−10	−16	−10
2	5	14	12	4	−3	−2	4	6	−1	−11	−16	−10
3	5	14	12	3	−3	−2	4	6	−1	−11	−16	−10
4	6	14	12	3	−4	−2	4	6	−1	−11	−16	−9
5	6	14	12	3	−4	−2	4	6	−2	−12	−16	−9
6	6	15	11	2	−4	−2	4	5	−2	−12	−16	−8
7	7	15	11	2	−4	−2	4	5	−2	−12	−16	−8
8	7	15	11	2	−4	−1	5	5	−3	−12	−16	−8
9	8	15	11	1	−4	−1	5	5	−3	−13	−16	−7
10	8	15	10	1	−4	−1	5	5	−3	−13	−16	−7
11	9	15	10	1	−4	−1	5	5	−4	−13	−16	−6
12	9	15	10	1	−4	−1	5	5	−4	−14	−16	−6
13	9	15	10	1	−4	−1	5	4	−4	−14	−15	−5
14	10	15	9	0	−4	−1	5	4	−5	−14	−15	−5
15	10	15	9	0	−4	0	6	4	−5	−14	−15	−4
16	10	14	9	−1	−4	0	6	4	−5	−14	−15	−4
17	11	14	8	−1	−4	1	6	4	−6	−15	−15	−3
18	11	14	8	−1	−4	1	6	3	−6	−15	−14	−3
19	11	14	8	−1	−4	1	6	3	−6	−15	−14	−2
20	12	14	8	−1	−5	1	6	3	−7	−15	−14	−2
21	12	14	7	−1	−4	1	6	3	−7	−15	−14	−1
22	12	14	7	−2	−4	2	6	3	−7	−15	−13	−1
23	12	14	7	−2	−4	2	6	2	−8	−16	−13	0
24	13	14	6	−2	−4	2	6	2	−8	−16	−13	0
25	13	13	6	−2	−4	2	6	2	−8	−16	−13	1
26	13	13	6	−2	−3	2	6	1	−9	−16	−12	1
27	13	13	5	−3	−3	3	6	1	−9	−16	−12	2
28	13	13	5	−3	−3	3	6	1	−9	−16	−12	2
29	14	13	5	−3	−3	3	6	1	−10	−16	−11	3
30	14		5	−3	−3	3	6	0	−10	−16	−11	3
31	14		4		−3		6	0		−16		4

Die Tabelle gibt für jeden Tag des Jahres in ganzen Minuten die Werte an, mit denen man die mittlere Ortszeit erhält. Hierzu wird der Tageswert der an der Sonnenuhr abgelesenen Zeit hinzugezählt. Die mit Minuszeichen versehenen Werte müssen von der Zeitabgabe der Sonnenuhr abgezogen werden, da in dieser Zeit die wahre Sonnenzeit der mittleren Ortszeit voraus ist.

8 Anregungen zum Bau von Sonnenuhren

Die diesem Bändchen beigegebenen Abbildungen von historischen und neuzeitlichen Sonnenuhren der verschiedensten Arten zeigen einige Möglichkeiten auf, die ohne nähere Erläuterung schon verständlich sind. Auf eines muß aber unbedingt geachtet werden, nämlich daß Sonnenuhren, die ja normalerweise im Freien stehen oder angebracht sind, aus witterungsbeständigem Material gefertigt werden sollten.

Dies gilt natürlich nicht für die einfache Konstruktion eines Schülers, der seine tragbare Sonnenuhr ohne weiteres aus Pappe herstellen kann, denn er wird sie immer wieder mit ins Haus nehmen und nicht draußen stehen lassen.

Neben der Eigenschaft, möglichst wetterfest zu sein, muß das Material für das Zifferblatt außerdem recht hell sein, damit der Schatten des Gnomons deutlich zu erkennen ist. In der Antike wählte man deshalb sehr gern weißen Marmor. Aber nur wenige Bastler werden gleich eine Platte aus diesem kostbaren Material verwenden und vielleicht mehrere nicht zu dunkle Wand- oder Bodenfliesen mit ziegelartiger Oberfläche verwenden. Mit einem handelsüblichen Fliesenkleber („Saxit") werden sie auf einer witterungsbeständigen Grundplatte befestigt.

Die Ziffern werden mit wetterfester Ölfarbe aufgemalt. Wer sich für solche aus Metall oder Kunststoff entschieden hat, klebt diese mit einem Kunstharzkleber auf. Für den Gnomon bohrt man ein Loch und befestigt einen Metallstab, am besten aus Messing oder Kupfer, auf die gleiche Weise. Bis nach dem Aushärten des Kunstharzklebers muß der Gnomon gut fixiert werden. Notfalls kann er noch durch Biegen gerichtet werden. Wer das Bohren vermeiden will, oder wenn keine Schlagbohrmaschine zur Hand ist, empfiehlt sich das Ankleben eines Schattenwerfers in Form einer Dreiecksfläche aus Messing- oder Kupferblech. Aber auch für einen Stab als Gnomon erhält man genug Klebefläche, wenn man den Stab ausreichend lang nimmt und so biegt, daß ein Schenkel als Schattenwerfer dient, während der andere Schenkel die 12-Uhr-Linie angibt. Der eine Schenkel wird an die Platte geklebt (beidseitig bis zum Aushärten des Kunstharzklebers abstützen!), danach der andere eventuell noch etwas gekürzt. Die richtige Länge des Gnomons findet man am besten durch Ausprobieren; sie ist für die Konstruktion kaum von Bedeutung, doch wirkt ein zu langer Gnomon nicht gerade schön. Die Länge der 12-Uhr-Linie wurde ja bereits beim Entwurf festgelegt und muß bei diesem Bauverfahren beachtet werden.

Es bleibt dem persönlichen Geschmack überlassen, welche Art von Ziffern verwendet werden sollen. Einfacher zu zeichnen und einzukerben oder einzuritzen sind die römischen Ziffern. Wenn man sie einzeln kaufen will, etwa aus Metall zum Aufkleben, wird die Sache freilich teurer, weil fast jeder Strich ja einzeln als Buchstabe berechnet wird. Das sind 28 „Buchstaben" für ein Zifferblatt! Günstiger sind arabische Ziffern, denn es werden nur 16 einzelne Ziffern benötigt. Preiswert sind Ziffern aus Plastik, es gibt sie auch aus wetterfester selbstklebender Folie in Fachgeschäften für Heimwerker. Es sei denn, man macht Gipsformen und gießt die Ziffern aus Blei; etwas für Liebhaber. Man kann auch die Ziffern mit dem Metall-Laubsägeblatt aus Messing- oder Kupferblech aussägen.

Fertige arabische und römische Ziffern in verschiedenen Farben (messing, gold, schwarz) und Ausführungen, und zwar aus

Messing, Aluminium und Plastik, können bei der Firma Selva Technik, Postfach 129, 7218 Trossingen 1, bezogen werden. Dort ist ein Katalog über Uhrenbauteile erhältlich, der genaue Angaben über die lieferbaren Zahlensätze enthält. Im Gegensatz zu den nachfolgend gegebenen Übersichten, wo die regulären römischen Ziffern dargestellt sind, finden sich bei manchen Uhren, wie bei den auf den Seiten 10 und 35 wiedergegebenen Beispielen, für die Vier anstelle der IV vier Striche. Es gibt daher Ziffernsätze, die diese Variante berücksichtigen. Wer will, kann Keile für die Markierung der Stundenlinien verwenden und das Zifferblatt mit ebenfalls erhältlichen Tierkreiszeichen schmücken. Die Ziffern gibt es in Größen zwischen 20 und 40 mm. Wer größere braucht, erhält sie in Fachgeschäften für Schilder und Stempel.

Die billigste Methode, eine weitere Möglichkeit, individuell zu gestalten, ist immer noch, die Ziffern aufzumalen. Bei römischen Ziffern ist dies kein Problem, da es nur gerade Linien gibt. Auf der nächsten Seite eine Aufstellung der römischen Ziffern, soweit sie, allenfalls, für ein Zifferblatt in Frage kommen.

In der Praxis wird man jedoch nur die Ziffern Eins bis Zwölf für die Sonnenuhr nehmen, wie es auch bei den Beispielen zu sehen ist.

Eine westlich abweichende Sonnenuhr in einem Weinberg an der Mosel.

arabische Ziffern	römische Ziffern	arabische Ziffern	römische Ziffern
1	I	13	XIII
2	II	14	XIV
3	III	15	XV
4	IV	16	XVI
5	V	17	XVII
6	VI	18	XVIII
7	VII	19	XIX
8	VIII	20	XX
9	IX	21	XXI
10	X	22	XXII
11	XI	23	XXIII
12	XII	24	XXIV

1	2	3	4	5	6	7	8	9	10	11	12
I	II	III	IV	V	VI	VII	VIII	IX	X	XI	XII

Der erfahrene Heimwerker wird möglicherweise an eine ganz besondere Technik für die Herstellung seiner Sonnenuhr denken und wahrscheinlich im Laufe der Zeit verschiedene Typen anfertigen. Schon die Baumeister des Mittelalters hatten Freude daran, die Bauwerke mit vielen Sonnenuhren zu schmücken. Das Straßburger Münster zeugt hiervon, auch der Dom in Braunschweig, um nur zwei Beispiele zu nennen. Nun wird die Steinmetzarbeit zu schwierig, das Sgraffito schon eher zu bewältigen sein. Ist doch der Kratzputz bei uns auch in der Volkskunst heimisch gewesen, was an Bauernhäusern in Thüringen und Hessen zu sehen ist. Es ist dies ein Verfahren, bei welchem verschiedenfarbige Zementputzschichten übereinander an der Wand angebracht werden und durch Wegkratzen der oberen Schicht die jeweils darunterliegende sichtbar wird. Für vertikale Sonnenuhren eine reizvolle Arbeit. Es muß mit Dyckerhoff-Weiß und Zementfarben gearbeitet werden, wenn der Mörtel gemischt wird.

Leichter ist es, eine Wand glattzuputzen und entweder al fresco auf den noch feuchten Putz zu malen, oder nach völligem Trocknen mit Kunstharzdispersionsfarben (z.B. Amphibolin) Ziffern und Stundenlinien aufzuzeichnen und vielleicht auch das Mittelfeld auszumalen. Eine Sonne mit Strahlen als Stundenlinien ist ein dankbares Motiv auch für den Ungeübten und gelingt immer.

Es gibt noch viele Möglichkeiten, eine Sonnenuhr kunstvoll auszuführen, sei es als Mosaik oder Emailarbeit, Metallgravur oder Holzschnitzerei. Die diesem kleinen Buch beigegebenen Abbildungen verschiedener Sonnenuhren sollen dazu anregen, eine ganz persönliche Arbeit auszuführen.

Bei Taschensonnenuhren in der Art der historischen Beispiele, wie zum Beispiel einer äquatorialen Sonnenuhr, sind schon einige Kenntnisse und Fertigkeiten in der Metallbearbeitung vonnöten. Dies vor allem dann, wenn es eine richtige Reisesonnenuhr werden soll, wobei zum einen der Gnomon, beziehungsweise das Zifferblatt in der Neigung verstellbar zu fertigen sind, zum anderen gleich mehrere Zifferblätter, für verschiedene Breitengrade, meist auf ein und derselben Fläche untergebracht werden müssen.

Nur der Fortgeschrittene sollte dies versuchen, wobei ein Besuch im Museum, verbunden mit dem Anfertigen von Notizen und Skizzen von den großen Vorbildern neue Anregungen und Einsichten bringt.

Hier sollen trotzdem einige praktische Hinweise gegeben werden, denn die wenigsten Menschen besitzen ein Haus oder einen Garten, möchten sich aber dennoch eine Sonnenuhr bauen und mit ihr Zeitmessungen vornehmen.

Für tragbare Sonnenuhren, wie Tischsonnenuhren oder Taschensonnenuhren, eignen sich viele Materialien, vor allem nicht zu hartes Messingblech. Es läßt sich gut ritzen, um Stundenlinien und Ziffern anzubringen. In die Rillen bringt man schwarze Ölfarbe, wischt die Oberfläche gut ab, poliert nach dem Trocknen der Farbe und überzieht das fertige Werkstück mit Zaponlack. Ein billiger Kompaß, wie er

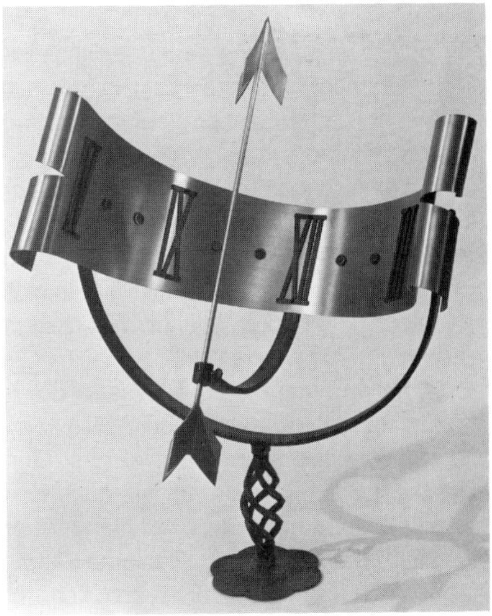

Käufliche Sonnenuhren.

im Spielwarenfachhandel zu haben ist, wird eingebaut. Ins einzelne gehende Hinweise sind hier nicht angebracht, denn wer in Metallarbeit erfahren ist, weiß schon, wie er vorgehen muß.

Ein hochinteressantes Werkverfahren, zudem nicht einmal sehr kompliziert, ist die Verarbeitung von Kunststoff. Hier nennen wir vor allem Plexiglas. Es läßt sich wie Holz verarbeiten, die gleichen Werkzeuge können benutzt werden.

Noch einfacher ist es, ein Polyester-Gießharz zu verwenden. Auf diese Weise kann man sowohl das Zifferblatt, welches dann sogar aus Papier sein darf, als auch den Kompaß einbetten. Eine Anleitung über das „Einbetten in Gießharz" schrieb Katharina Zechlin (im Frech-Verlag erschienen). Verarbeitungsfertige Materialpackungen sind in Hobbygeschäften erhältlich. Zu beachten ist, daß das Zifferblatt nicht zu tief im glasklaren Block zu liegen kommt und man sich von vornherein darüber im klaren ist, mit welcher Art Gnomon die Sonnenuhr ausgestattet werden soll. Die Möglichkeiten zu variieren sind auch hierbei sehr groß.

Bei der Verarbeitung von Holz wird Hartholz empfohlen, jedoch taugen nur helle Arten. Doch auch weiches Holz ist brauchbar, wie Linde oder Pappel, weil es sich gut schnitzen läßt und so die Stundenlinien und die Ziffern leicht eingekerbt werden können.

Wem diese Hölzer nicht zur Verfügung stehen, der kann ohne weiteres auch Sperrholz oder Zigarrenkistenbretter nehmen und das Zifferblatt aufzeichnen. Vorher jedoch muß die Oberfläche des Holzes bearbeitet werden, um die Poren zu schließen. Hierzu nimmt man die bekannten Porenfüller, z. B. Clou-Grundierung, und anschließend Mattierung. Die Stundenlinien werden alsdann markiert, jeweils zwei Streifen Tesafilm parallel zueinander so aufgeklebt, daß ein freier Zwischenraum bleibt. Dann kann man mit einem schmalen Pinsel die Lackfarbe auftragen, läßt trocknen und hat auf diese Weise scharf „gezogene" Linien, nachdem der Tesafilm entfernt wurde. Die Stundenziffern werden freihändig aufgemalt mit spitzem Pinsel (wie im Malkasten).

Präzision ist nur bei den Stundenlinien gefragt und beim Gnomon vonnöten. Bei Horizontal- oder Vertikal-Sonnenuhren kann man als Schattenwerfer auch einen Faden spannen, wenn die Sonnenuhr zum Zusammenklappen sein soll. Der Gnomonfaden verbindet dann das liegende oder stehende Zifferblatt mit einem, mit Scharnieren rechtwinklig hieran befestigten, gleichgroßen Deckel.

Der Gnomon läßt sich auch gut aus einem dünnen Blech (Zigarilloschachtel) ausschneiden, wozu man sogar einmal eine Schere nehmen darf, auch wenn es keine Blechschere ist. Er wird dann als Fläche, in Dreiecksform, ausgebildet und ebenfalls mit einem kleinen Scharnier (wie an manchen Zigarrenkisten) befestigt oder zum Einstecken hergerichtet. Für Taschensonnenuhren in der Größe einer Handfläche sind dies brauchbare Lösungen. Wenn sie wirklich gut die Zeit messen sollen, muß gerade bei den kleinen Ausführungen sehr genau gearbeitet werden.

Zum Schluß noch ein Tip. Wenn man das Zifferblatt auf einem Bogen konstruiert, der um ein Vielfaches größer ist als das Zifferblatt der gewünschten Sonnenuhr, lassen sich die erhaltenen Stundenlinien leicht durchpausen. Wird der Entwurf hingegen zu klein ausgeführt, können beim Verlängern der Stundenlinien auf dem Zifferblatt Ungenauigkeiten entstehen. Dies stünde aber im Widerspruch zur Absicht, einen Zeitmesser zu bauen.

Sonnenuhr um 1750. Diese originelle Horizontal-Sonnenuhr in Verbindung mit einer sogenannten Mittagskanone ist für den Breitengrad von Paris (49 Grad) bestimmt. Pünktlich um 12 Uhr, beim Durchgang der Sonne durch den Meridian, fällt der Sonnenstrahl durch das Brennglas auf das Zündloch der kleinen Kanone, die sich daraufhin mit weithin hörbarem Knall entlädt.

Erklärung der Fachausdrücke

Äquator Der Erdäquator ist der größte Kreis der Erdkugel, auf dessen Ebene die Erdachse senkrecht steht. Von den Erdpolen hat er einen Abstand von 90° und teilt die Erde in die Nord- und Südhalbkugel.

äquatorial auf den Äquator bezogen.

Äquinoktium Die Zeit der Tagundnachtgleiche zu Frühlings- und Herbstanfang. Zu dieser Zeit steht die Sonne senkrecht über dem Äquator. Sonnenaufgang 6 Uhr, Sonnenuntergang 18 Uhr.

Äquinoktialpunkte Standort der Sonne zur Zeit der Tagundnachtgleiche: Auf der Himmelskugel die Punkte, in denen sich der Himmelsäquator und die Ekliptik schneiden.

Astronomie Stern- und Himmelskunde. Die Wissenschaft von den Himmelskörpern.

astronomisch zur Astronomie gehörend.

Breitengrad Die geographische Breite eines Ortes auf der Erde. Die geographische Breite wird vom Äquator bis zu den Polen von 0–90° gezählt, zum Nordpol als nördliche Breite, zum Südpol als südliche Breite. Orte gleicher geographischer Breite liegen auf einem Breitenkreis, der zum Äquator und allen anderen Breitenkreisen parallel verläuft.

Durchmesser Der Durchmesser eines Kreises ist die Strecke, die durch den Mittelpunkt des Kreises geht und deren Endpunkte auf dem Kreis liegen.

Ekliptik Die scheinbare Bahn der Sonne an der Himmelskugel, die diese innerhalb eines Jahres durchläuft. Die Ekliptik bildet mit dem Äquator einen Winkel, der zur Zeit etwa 23½° beträgt. Man nennt dies die Schiefe der Ekliptik.

Fixstern Selbstleuchtender Himmelskörper, dessen Bewegung so gering ist, daß sie, von der Erde aus beobachtet, nicht in Erscheinung tritt.

Gnomon Schattenwerfer. Stab auf Sonnenuhren, durch dessen Schattenlage und Länge die Zeit abgelesen wird.

Horizont Der Kreis um einen Beobachter, an dem das Himmelsgewölbe an die Erdoberfläche grenzt.

horizontal waagerecht.

Kompaß Instrument zur Bestimmung der Himmelsrichtung.

Kulmination Durchgang eines Gestirns durch den Meridian.

Meridian. In der Astronomie: der Mittagskreis. Vom irdischen Beobachtungsort aus gesehen der größte Kreis am Himmel, der auf dem Horizont senkrecht steht. Die Sonne steht um 12 Uhr wahre Sonnenzeit im Meridian. – In der Geographie: jeder von Pol zu Pol gehende und auf dem Äquator senkrecht stehende Halbkreis, auch Längenkreis genannt.

Mißweisung Da der geographische Nordpol nicht mit dem magnetischen Nordpol übereinstimmt, weisen alle Kompasse eine örtlich verschiedene Abweichung von der Nord-Süd-Richtung auf. In Deutschland beträgt die Mißweisung etwa 3° westlich.

parallel gleichlaufend.

Parallele Eine Gerade, die mit einer anderen Geraden in der gleichen Ebene in einem bestimmten Abstand gleich läuft, sich mit dieser aber nie schneidet.

polar auf den Pol bezüglich.

Polhöhe Die Polhöhe ist der geographischen Breite gleich. Unter Polhöhe versteht man den Bogen des Mittagskreises zwischen Pol und Horizont.

Polos Schattenwerfer einer Sonnenuhr, der polwärts gerichtet ist.

Radius Der halbe Durchmesser eines Kreises.

Senkrechte Eine auf einer anderen Strecke im Winkel von 90° errichtete Linie.

Sektor Ein ebenes Flächenstück, das von einem Bogenstück und zwei Radien begrenzt wird.

Solstitium Sonnenwende.

Tangente Eine Gerade, die eine Kurve in einem Punkt berührt.

tangieren berühren.

vertikal senkrecht.

Zeitgleichung Unterschied zwischen der wahren und mittleren Sonnenzeit.

Zenit Der höchste Punkt am Himmel über dem Beobachter, Scheitelpunkt.

φ Phi, griechischer Buchstabe für „ph“, bezeichnet die geographische Breite.

Lieferanten von Sonnenuhren

Ing. Martin Bernhardt, Brandholzstraße 10, D 7120 Bietigheim

KOSMOS-Service 71, Postfach 640, D 7000 Stuttgart 1

MEKU Erich Pollähne, Am Weingarten 14, D 3014 Wenningsen am Deister

SOLLUX Sonnenuhren-Vertriebs-GmbH, Blumenstraße 19, D 8501 Schwaig 2

Uhren Christ Juwelen, Am Roßmarkt, D 6000 Frankfurt am Main

Literaturverzeichnis

Abeler, Jürgen: *5000 Jahre Zeitmessung.* Dargestellt im Wuppertaler Uhrenmuseum an der Privatsammlung der Uhrmacher- und Goldschmiedefamilie Abeler. Wuppertal-Elberfeld 1968.

Bilfinger, Gustav: *Die Zeitmesser der antiken Völker.* Festschrift zur Jubelfeier des Eberhard-Ludwigs-Gymnasiums in Stuttgart 1886.

Braunbeck, Werner: *Von der Sonnenuhr zur Atom-Sekunde.* Kosmos, Heft 7/68.

Cousins, Frank W.: *Sundials.* London 1968.

Drecker, Joseph: *Die Theorie der Sonnenuhren.* In: Ernst von Bassermann-Jordan, Hrsg., Die Geschichte der Zeitmessung und der Uhren, Band I, Lieferung E. Berlin und Leipzig 1925.

Haslinde, Gundolf: *Das Horologium Achaz und andere merkwürdige Formen von Sonnenuhren.* DIE STERNE, Monatsschrift über alle Gebiete der Himmelskunde, 36., Juli/Aug. 1960.

Kirchvogel, Paul Adolf: *Die Sonnenuhr vom Kasseler Zeughaus.* In: Hessenland, Heimatzeitschrift für Kurhessen, 49. Jg., Heft 1/2, Jan./Febr. 1938. Seite 32.

Körber, Hans-Günther: *Zur Geschichte der Konstruktion von Sonnenuhren und Kompassen des 16. bis 18. Jahrhunderts.* Veröffentlichungen des Staatl. Mathematisch-Physikalischen Salons, Forschungsstelle, Dresden-Zwinger, Band 3, Hrsg. H. Grötzsch. Berlin 1965.

Loske, Lothar M.: *Die Sonnenuhren.* Verständliche Wissenschaft, 69. Band. Berlin, Göttingen, Heidelberg 1970.

Lübke, Anton: *Die Uhr.* Düsseldorf 1958.

Michel, Henri: *Messen über Zeit und Raum.* Stuttgart 1965.

Rohr, René J.: *Les Cadrans Solaires.* Paris 1965.

Schumacher, Heinz: *Sonnenuhren.* München 1973.

Voch, Lukas: *Die Kunst Sonnenuhren auf das Papier oder eine Mauer zu zeichnen.* Augsburg 1778. Reprint München 1977.

Waugh, Albert E.: *Sundials.* New York 1973.

Zinner, Ernst: *Alte Sonnenuhren an europäischen Gebäuden.* Boethius, Texte u. Abhandlungen zur Geschichte der exakten Wissenschaften. Hrsg. v. I. E. Hofmann, F. Klemm, B. Sticker, Bd. III. Wiesbaden 1964.

Pag. 792.

4. B. **Erklärung des Kupfers.** C. 20.

Hier ist ein völliger Sonnenweiser- oder Zeiger zu sehen, an welchem die hellscheinende Sonne die Stunden viel richtiger machet, als eine Schlaguhr, die bald zu geschwind, bald zu langsam gehet; aber die Sonne gehet durch göttliche Ordnung richtiger: Denn sie gehet einmal wie das andere, und hält ihren richtigen Lauf. Aus diesen und andern ordentlichen Werken der Natur kan man den wunderbaren und allerweisesten Schöpfer erkennen, und dadurch aufgemuntert werden ihm hoch zu halten, und desto herzlicher zu lieben.

(Seite aus einem 1751 erschienenen Erbauungsbuch des Generalsuperintendenten Johann Christoph Arndt)